CULTURE DU SOL

IMPRIMERIE GÉNÉRALE DE CH. LAHURE
Rue de Fleurus, 9, à Paris

CULTURE
DU SOL

PAR

VICTOR RENDU

Inspecteur général de l'agriculture

OUVRAGE DONT L'INTRODUCTION DANS LES ÉCOLES
EST AUTORISÉE PAR LE MINISTRE DE L'INSTRUCTION PUBLIQUE

DEUXIÈME ÉDITION

PARIS
LIBRAIRIE DE L. HACHETTE ET C⁰

BOULEVARD SAINT-GERMAIN, N° 77

1866

PRÉFACE.

Ce Traité résume les doctrines qui régissent l'art agricole et lui servent de base fondamentale.

L'auteur s'est fait un devoir de n'admettre, comme principes, que ceux réellement dignes de ce nom et sur lesquels les bons écrivains sont tous d'accord. Les excellents écrits de Thaer, Schwertz, Bürger, John Sinclair, Mathieu de Dombasle et de Gasparin ont été mis à profit dans ce travail. Il a pour but de faciliter l'étude

de l'agriculture par l'exposé de ses règles géné-
rales, en laissant au bon sens de chacun le soin
d'en faire l'application suivant les exigences
locales.

Paris, avril 1866.

CULTURE
DU SOL.

L'agriculture est l'art de cultiver la terre, c'est-à-dire, de produire les plantes, d'élever et de multiplier les animaux nécessaires aux besoins de l'homme, de manière à en obtenir, économiquement, de bons résultats.

L'agriculture la plus parfaite est celle à l'aide de laquelle le cultivateur, tous frais payés, tire de son industrie le produit le plus élevé et le plus durable, eu égard aux ressources dont il dispose et aux circonstances où il se trouve placé.

Pour atteindre ce but, il faut :

1° Connaître la nature du sol sur lequel on

veut opérer, afin de conserver et d'accroître ses qualités et de remédier à ses défauts ;

2° Préparer le sol par la culture, ce qui implique nécessairement la connaissance des divers instruments à l'aide desquels les opérations mécaniques de la culture s'exécutent avec le plus d'avantages ;

3° Connaître la valeur des engrais et des amendements que réclament le sol et l'alimentation des plantes ;

4° Cultiver chaque plante de manière qu'elle donne, économiquement, le plus haut produit possible ;

5° Connaître les rapports qui existent entre les différentes récoltes, de manière à les combiner avec les besoins de l'exploitation ;

6° Connaître les soins qu'exigent l'élevage, l'entretien et la multiplication du bétail.

Ces différentes parties de la science agricole sont liées étroitement les unes aux autres ; de leur étude et de leur application raisonnée dépendent la marche régulière et le succès de l'exploitation.

ÉTUDE DU SOL.

1. Définition et fonctions du sol. — 2. De l'argile et du terrain argileux. — 3. Du sable et du terrain sablonneux. — 4. Du carbonate de chaux et du terrain calcaire. — 5. Humus ou terreau. — 6. Couche arable et sous-sol. — 7. Causes d'augmentation ou de diminution dans la valeur du sol.

---

1. DÉFINITION ET FONCTIONS DU SOL.

Le sol, en agriculture, est cette couche superficielle de la terre travaillée par les instruments aratoires.

Le sol remplit deux fonctions à l'égard des plantes : il leur sert de point d'appui et leur fournit certains principes élémentaires qui entrent dans leur composition. On peut encore le considérer comme une espèce de réservoir ou s'élaborent, sous l'influence combinée de l'air, de la chaleur et de l'humidité, les diverses substances destinées à la nutrition des végétaux.

Bien que les parties constituantes du sol soient aussi variées que les roches dont les débris déterminent sa formation, leur étude spéciale n'est pas du ressort direct de l'agriculture; celle-ci n'envisage que leur mélange à l'état de *terre arable*. Trois substances minérales principales entrent dans sa composition : l'argile, le sable et le carbonate de chaux. Chacune d'elles, prise isolément, n'est susceptible d'aucune culture profitable; mêlées, au contraire, entre elles, suivant diverses proportions, elles deviennent le grand laboratoire du cultivateur et jouissent, dans leurs rapports avec la température et l'humidité de l'atmosphère, de propriétés physiques fort importantes comme conditions premières de la fertilité du sol.

2. DE L'ARGILE ET DU TERRAIN ARGILEUX.

L'argile résulte de l'union intime de deux substances terreuses, l'alumine et la silice, combinées entre elles suivant diverses proportions.

Les couleurs qu'elle présente sont variées : on en voit de grises, de brunes, de noires, de rouges, etc. ; cette dernière coloration est due principalement à la présence de l'oxyde de fer.

L'argile est caractérisée par certaines propriétés spéciales.

Elle happe à la langue, c'est-à-dire qu'elle s'y attache fortement et en absorbe l'humidité.

Elle a une odeur particulière, connue sous le nom d'*odeur de terre*, dont la sensation se révèle surtout après une pluie succédant à la sécheresse.

A l'état sec, elle absorbe facilement l'eau ; lorsqu'elle en contient une assez grande quantité, elle devient adhérente et ductile, au point de recevoir toutes sortes de formes.

L'argile absorbe 70 pour 100 de son poids

d'eau ; une fois saturée, elle ne se laisse plus pénétrer par ce liquide.

L'argile humide, exposée à la gelée, se crevasse et se délite ; soumise à la chaleur, elle laisse difficilement évaporer l'eau qu'elle contient ; au fur et à mesure que celle-ci s'évapore, elle devient de plus en plus dure, se contracte, perd de son volume et se fend.

L'argile, en contact avec l'air, s'en laisse pénétrer et absorbe l'humidité qu'il contient.

Elle jouit de la propriété de s'emparer des gaz ammoniacaux et de les retenir entre ses particules, pour les transmettre, à l'aide de l'eau, aux racines des plantes. L'argile ne transmet aux plantes les gaz ammoniacaux qu'après saturation ; voilà pourquoi les premières fumures ne suffisent pas pour rétablir un sol argileux épuisé ; voilà aussi pourquoi cette sorte de terrain s'appauvrit plus difficilement.

Ces propriétés de l'argile sont d'autant plus prononcées que l'alumine y domine davantage.

Lorsque le sol contient une assez forte proportion d'argile, pour former, à l'état humide, par le labour, des mottes compactes que la herse déchire et divise imparfaitement, on l'appelle *terrain argileux*, désigné aussi dans la pratique sous le nom de *terrain fort*. Sa cohésion et sa faculté d'absorber une grande quantité d'eau et de la retenir longtemps, forment ses principaux caractères distinctifs.

Le terrain argileux présente plusieurs avantages au cultivateur :

Il adhère avec l'eau de telle sorte que, pendant une longue sécheresse, il conserve la fraîcheur indispensable à la végétation, propriété d'autant plus précieuse que le climat est plus chaud.

Il favorise la croissance des végétaux.

Il offre une base solide aux racines des plantes; il empêche l'air de pénétrer jusqu'à elles et les maintient ainsi dans une température plus égale, malgré les variations de l'atmosphère; quelquefois aussi, il ferme trop complétement accès à l'air; c'est alors un défaut.

Il retient fortement et s'incorpore, pour ainsi dire, les substances destinées à la nourriture des plantes ; d'où suit, qu'après avoir été fortement fumé, le terrain argileux conserve plus longtemps que tout autre sol sa fertilité, les engrais qu'il renferme s'y trouvant préservés de l'action dissolvante des agents atmosphériques.

Ces avantages sont contre-balancés par les inconvénients suivants, lorsque le terrain argileux contient une trop forte proportion d'alumine qui le rend très-tenace :

Par des temps de pluies prolongées, l'eau ne pouvant plus pénétrer dans le sol qui en est saturé, demeure à la surface jusqu'à ce qu'elle soit entièrement évaporée, et alors, si le terrain est ensemencé, les plantes y souffrent du séjour de l'eau ; tant qu'il est humide, son accès est interdit aux voitures, et les instruments aratoires ne peuvent y fonctionner utilement.

En été, par la sécheresse, en hiver, par la gelée, le terrain argileux se crevasse, les racines des plantes sont déchirées, mises à nu et exposées à l'action nuisible de l'air. Dans l'un et l'autre cas, le sol se durcit à tel point que la charrue peut à peine le diviser en grosses mottes : celles-ci résistent à la herse et au rouleau aussi longtemps que la pluie ne les a pas pénétrées.

Le terrain argileux s'échauffe lentement et perd vite sa chaleur; les récoltes y sont plus tardives que dans tout autre sol.

Toute terre argileuse, pour arriver à son maximum de fertilité, exige de fortes avances en fumier; ce capital est frappé d'improduction dans les années de sécheresse, mais il se réveille par l'effet de l'humidité, lorsque les labours, en rompant les particules de l'argile, ont exposé ses surfaces à l'action des agents atmosphériques et ont mis à nu les substances fertilisantes qu'elle recélait.

Ces défauts du terrain argileux tenace peuvent être corrigés :

1° Par l'assainissement du sol au moyen de rigoles d'écoulement, et principalement par le drainage;

2° Par des labours profonds donnés surtout avant l'hiver;

3° Par le marnage et surtout par le chaulage ; toutefois ceux-ci n'ont d'effet sensible qu'après l'assainissement du sol;

4° Par d'abondantes fumures consistant surtout en engrais pailleux, tels que les fumiers d'étable appliqués frais ;

5° Par la combustion ou l'écobuage. L'argile, soumise à une chaleur rouge, est profondément modifiée dans ses propriétés physiques; elle perd la faculté de former pâte avec l'eau, et ne joue plus dans le sol que le rôle de la silice.

Le terrain argileux convient essentiellement au froment et à l'avoine. Le colza et les féveroles y prospèrent; le trèfle et les vesces sont les fourrages artificiels qui y réussissent le mieux. Lorsque le terrain est trop argileux et qu'on ne peut le modifier économiquement, il se laisse difficilement entamer par les instruments; il est rare surtout de trouver le moment opportun pour le travailler, soit à cause de son humidité, soit à cause de son état de sécheresse; dans ce cas, la culture y est plus onéreuse que profitable; le meilleur parti à en tirer, c'est de le convertir en herbages : l'herbe, soutenue par des fumiers d'étable ou par le parcage, y réussit très-bien.

Le terrain argileux, tout en conservant les caractères généraux que lui assigne la prédominance de l'argile, peut contenir une proportion plus ou moins forte de sable; dans ce cas, il prend le nom de terrain *argilo-sableux* et devient d'autant plus facile à cultiver qu'il est mélangé avec une plus grande quantité de sable. Lorsque le sable uni à l'argile est extrêmement fin et semble, par son adhérence, être combiné avec elle, il en résulte une nature de terre très-compacte, qui se bat facilement par la pluie, tend sans cesse à se *reprendre*, devient de plus en plus blanchâtre en se séchant, résiste à l'action des gelées et exige une série de beaux jours pour être labourée avec avantage : cette espèce de terrain, d'une culture très-difficile, donne de belles récoltes de blé et de trèfle; on la connaît sous le nom de *terre blanche* ou *terre boulbène.*

Uni à une certaine proportion de sable et de carbonate de chaux, le terrain argileux forme les meilleurs sols; on les désigne sous le nom de *terres franches.* Celles-ci se laissent aisément cultiver; les plantes y résistent mieux que dans tout autre sol aux intempéries des saisons; toutes les récoltes y prospèrent et y donnent, économiquement, les plus hauts produits; les fourrages artificiels de toute nature y réussissent parfaitement et tous les produits y sont d'excellente qualité.

3. DU SABLE ET DU TERRAIN SABLONNEUX.

Les propriétés du sable diffèrent complétement de celles de l'argile.

Le sable n'a pas de cohésion et ne forme jamais pâte, quelle que soit son humidité.

Il ne perd pas de son volume par la dessiccation.

L'eau le traverse sans le pénétrer; elle s'en évapore très-rapidement.

Le sable n'absorbe pas l'humidité de l'air. Il s'échauffe facilement et retient la chaleur avec force.

Ces propriétés sont d'autant plus prononcées que le terrain contient plus de sable et surtout de sable à gros grain ; elles sont d'autant moins sensibles que ses particules sont plus ténues.

Le sable fin qu'aucune terre ne lie, est un *sable mouvant* sujet à être emporté par le vent;

tel est le sable des dunes ; dans cet état, il est impropre à toute végétation ; mais, lorsqu'il a été fixé, on peut y cultiver avec succès des essences forestières, notamment le pin maritime. Le sable à gros grain est tout à fait aride.

Le sable, pour être cultivé avec profit et devenir susceptible de fertilité, doit présenter une certaine liaison qui lui permette de fournir un appui aux plantes et de retenir l'eau ; l'argile surtout lui communique cette consistance nécessaire.

Le terrain sablonneux acquiert d'autant plus de cohésion qu'il contient plus d'argile ; plus les particules du sable sont fines, plus elles ont d'affinité pour l'eau, moins il leur faut d'argile ou de carbonate de chaux pour être élevées à l'état de terre cultivable.

Le terrain sablonneux a d'autant plus de valeur qu'il contient plus d'argile et qu'il se trouve dans un climat plus humide.

Par opposition avec les terrains argileux désignés, dans la pratique, sous le nom de *terrains forts*, le terrain sablonneux est aussi appelé *terrain léger* par les cultivateurs.

Lorsque le terrain sablonneux, labouré à l'état humide, forme des mottes, lesquelles se divisent complétement avec la herse, il prend le nom de terrain *sablo-argileux*; il garde sa dénomination de *terrain sablonneux* si la terre, labourée par un temps humide, ne présente pas de mottes.

Le terrain qui contient trop de sable a l'inconvénient :

1° De laisser évaporer l'eau trop facilement et, par suite, de faire souffrir les plantes de la sécheresse;

2° De retenir à peine les matières fertilisantes entraînées et dissoutes rapidement par les eaux pluviales, ce qui exige l'application de fumures répétées;

3° D'exposer les plantes aux variations brusques de température auxquelles le terrain sablonneux est particulièrement sujet.

Le terrain sablonneux, toutes conditions égales, se ressuie plus vite que les autres terrains.

Les plantes y lèvent et y mûrissent plus tôt.

Les cultures y sont faciles et peu coûteuses.

En dehors de l'action des engrais, sa fertilité est proportionnée à la quantité d'eau pluviale qu'il reçoit chaque année.

Le nombre et la valeur des plantes qu'on peut cultiver dans une terre sablonneuse augmentent en proportion de l'argile et du calcaire que celle-ci contient. Dès qu'un terrain sablonneux est assez consistant pour être cultivable, il convient au seigle, au sarrasin, aux navets, aux pommes de terre. Avec plus de consistance, il produit de l'avoine, du trèfle, des carottes, du lin, de la navette, puis de l'orge, des betteraves.

Le carbonate de chaux rend cette catégorie de sols propre au froment, au sainfoin, et même à la luzerne si le terrain est profond.

L'amélioration du terrain sablonneux peut être obtenue :

Par l'application d'une marne argileuse et par la chaux;

Par l'irrigation.

Les terrains sablonneux absorbent une grande quantité d'eau; il ne faut pas la leur ménager pour que l'irrigation leur soit très-profitable; ils constituent alors d'excellentes prairies, si l'on a soin de les fumer de temps en temps.

Les sols sablonneux s'améliorent encore en remplaçant les cultures fréquentes par des labours profonds donnés avec modération.

Le parcage des bêtes à laine qui, indépendamment de sa fumure, a l'avantage de tasser le terrain, profite particulièrement à cette espèce de sol.

4. DU CARBONATE DE CHAUX ET DU TERRAIN CALCAIRE.

Le carbonate de chaux se rencontre fréquemment dans la nature; il constitue, parfois, des chaînes de montagnes; on le trouve mêlé, en quantité plus ou moins considérable, avec l'argile ou le sable; souvent il forme la base presque exclusive du sol.

La présence du carbonate de chaux dans le sol se dénote par l'effervescence qui se produit lorsqu'on l'arrose avec un acide, tel que l'acide sulfurique ou l'acide nitrique.

Réduit en poudre, le carbonate de chaux absorbe une quantité d'eau égale à son poids, il la laisse évaporer plus facilement que l'argile.

Détrempé, il forme une pâte molle, très-adhérente à l'état humide, mais se réduisant en poudre par la sécheresse.

La présence du carbonate de chaux dans le sol, si minime que soit sa proportion, améliore sensiblement le terrain, au point même de rendre les terres à seigle propres à porter du froment.

Losqu'il s'en trouve au delà de 2 pour 100, il modifie la constitution du sol.

La présence du carbonate de chaux dans le sol argileux diminue sa cohésion, favorise l'assimilation des matières nutritives par les plantes, rend le sol plus meuble et plus friable, facilite sa dessiccation et rend sa culture moins difficile et moins coûteuse.

Appliqué au terrain sablonneux, il lui donne plus de consistance et le rend propre à d'excellentes cultures.

Le carbonate de chaux rend les sols argileux

et sablonneux plus aptes à produire certaines plantes fourragères, comme la luzerne, la lupuline, le sainfoin, qui sans le principe calcaire, réussiraient mal ou même ne viendraient pas.

Il neutralise l'acidité du sol.

Le carbonate de chaux a, en outre, l'avantage d'augmenter la qualité de certains produits agricoles ; ainsi, par exemple, dans les céréales, il accroît la quantité de la farine, tout en diminuant la proportion du son.

Tout sol qui contient du carbonate de chaux en proportion suffisante, est susceptible d'une culture lucrative et, toutes choses égales, jouit de plus de fertilité que les terrains qui n'en renferment pas.

Le terrain qui contient 75 pour 100 de carbonate de chaux se nomme *terrain calcaire ;* en outre, suivant qu'il est mélangé de sable ou d'argile en proportion plus ou moins forte, il ajoute à sa dénomination spéciale de terrain calcaire celle de *calcaire sablonneux* ou *argileux ;* les terrains composés presque exclusivement de carbonate de chaux sont désignés sous le nom de *terrains crayeux.*

Trois défauts essentiels caractérisent les terrains crayeux :

Après une pluie abondante, leur surface se prend en croûte ; les plantes en souffrent principalement au moment de leur levée.

Ils sont soulevés par les gelées et les dégels, et le vent emporte leur surface pulvérisée.

Les engrais s'y décomposent avec une extrême rapidité : les plantes en sont gorgées dans la première période de leur croissance ; elles en manquent souvent dans la dernière phase de leur développement.

Dans un climat sec, le terrain calcaire, privé d'irrigation, ne convient qu'aux récoltes qui mûrissent avant le fort de l'été ; une fois les grandes chaleurs venues, tout y brûle ; le sainfoin et la lupuline sont les seuls fourrages qui y réussisent complétement.

Le terrain calcaire se transforme en bouillie ou se réduit en poussière, pour peu que la pluie ou la sécheresse se prolonge. Sec, il se laboure sans peine ; humide, il rend la marche des instruments aratoires très-difficile ; mais ce labour à contre-temps n'y produit pas l'inconvénient grave qui résulte d'un labour appliqué au sol argileux par un temps humide : grâce à sa forte proportion de calcaire, les mottes et les tranches que la charrue y a formées fondent en peu de jours par le beau temps ; le hersage d'ailleurs en vient aisément à bout.

Au printemps, lorsque l'hiver a été rigoureux et que les terrains calcaire et crayeux ont été soulevés, il faut bien se garder d'y faire passer la herse ; c'est le rouleau qu'on emploie pour les raffermir et rechausser les plantes.

L'orge, parmi les céréales, le sainfoin, parmi les récoltes fourragères, réussissent particulièrement dans le terrain calcaire ; la vigne, le mûrier y végètent avec vigueur, ainsi que le noyer : l'amandier convient spécialement au terrain crayeux.

L'argile, le sable ou le carbonate de chaux se rencontrent rarement dans un état de pureté absolue ; le plus souvent on les trouve réunis en diverses proportions dans le même terrain. Quelque favorable que soit ce mélange, le sol, ni trop compacte, ni trop léger, n'est apte à produire des récoltes avantageuses qu'autant qu'il renferme une quantité suffisante d'humus.

5. HUMUS OU TERREAU.

L'*humus* ou *terreau* est une substance brune ou noirâtre produite par la décomposition des matières animales ou végétales, et contenant la plupart des principes destinés à la nutrition des plantes : ce qu'on désigne, dans la pratique, sous le nom de *richesse* ou *fertilité* du sol, s'entend surtout de la quantité d'humus qui s'y trouve accumulée.

Au contact de l'air et de l'eau, l'humus devient soluble et sert d'aliment à la végétation.

De tous les éléments du terrain, l'humus est celui qui décompose avec le plus d'énergie l'air atmosphérique ; il en absorbe avidement l'humidité. Exposé au soleil, il s'échauffe rapidement à un haut degré, mais il perd vite sa chaleur.

L'humus, en agriculture, est le point central

d'où part et auquel revient toute production végétale.

Mais l'humus n'agit pas seulement comme principe nutritif des plantes, il exerce aussi une influence sur les propriétés physiques du sol. Il tend à diviser les terres fortes en les rendant plus perméables à l'air ; il opère en sens inverse sur les terres légères, c'est-à-dire qu'il leur donne plus de consistance et y attire l'humidité de l'air.

L'humus se forme plus vite dans les terrains calcaires que dans les terrains sablonneux et argileux : le terrain argileux le retient plus fortement que les deux autres, mais c'est aussi celui où il se forme le plus lentement.

La valeur du sol s'élève donc en raison de la quantité d'humus qu'il possède. Il est cependant une exception à cette règle, c'est lorsque l'humus, au lieu d'être *doux*, en d'autres termes, d'être le résultat des matières animales ou végéto-animales confiées au sol, ou d'être formé, à l'air, des détritus qui ne contiennent pas de principe acide, résulte des débris de plantes contenant beaucoup de tanin ou dont la décomposition s'est opérée plus ou moins imparfaitement sous l'eau ; dans ces deux cas, l'humus est impropre à la végétation ; pour qu'il soit assimilable aux plantes, il faut qu'il ait été débarrassé de son acidité.

L'humus acide se rencontre principalement dans les défrichements récents des forêts, dans les sols sablonneux où les bruyères, la mousse, les fougères forment, pour ainsi dire, l'unique végétation ; on le voit surtout dans les sols qui contiennent de la tourbe.

La tourbe est un terreau élastique, spongieux, d'une couleur noirâtre, formé des débris de plantes marécageuses dont la décomposition avancée et effectuée sous l'eau laisse apercevoir leur texture fibreuse. La tourbe, en se séchant, perd une partie de son poids et devient inflammable.

Au premier abord, le terrain qui contient de la tourbe présente l'aspect d'un sol fertile ; mais, tant qu'on ne l'a pas débarrassé de son excès d'humidité et qu'on ne lui a pas enlevé son principe acide, il ne produit que des fourrages très-grossiers : les gelées le soulèvent, la chaleur le dessèche, de fortes pluies le transforment en marais.

L'application du carbonate de chaux, mais principalement de la chaux caustique, l'écobuage et l'action répétée des labours et des engrais sont les meilleurs procédés d'amélioration pour les sols qui contiennent une forte proportion d'humus acide, pourvu toutefois qu'ils aient été préalablement assainis et égouttés.

En général, la quantité d'humus que possèdent les terres arables est très-faible relativement à leur masse minérale, mais aussi il faut très-peu d'humus pour les rendre productives. L'excès d'humus dans le sol, loin d'être avantageux, est préjudiciable; le terrain surchargé d'humus se contracte ou s'enfle aux changements notables de température; les racines des plantes y sont soulevées et déchaussées; les végétaux, gorgés de sucs nutritifs, ne peuvent s'y tenir droits sur leurs tiges; ils *versent* et complètent difficilement leur maturité. Ces cas de richesse excessive du sol sur de grandes surfaces sont exceptionnels en France; on rencontre bien plus fréquemment des contrées entières où la pauvreté native du sol réclame toute l'industrie du cultivateur pour produire de bonnes récoltes.

Quelque important que soit le rôle de l'humus, il ne suffit pas, non plus que la composition minérale du terrain, pour assigner au sol sa valeur définitive. Diverses causes doivent encore être interrogées avec soin pour déterminer la préférence qu'il faut donner à tel sol plutôt qu'à tel autre; de ce nombre sont la profondeur de la couche arable, le sous-sol, la couleur du terrain, son inclinaison, l'exposition et le climat.

6. COUCHE ARABLE ET SOUS-SOL.

Par *couche arable*, appelée aussi *sol actif*, on entend l'épaisseur de terre remuée par la charrue, formant ordinairement un tout homogène, également imprégné d'humus dans toutes ses parties; sa profondeur exerce une grande influence sur la valeur du sol; dans la plupart des terrains, elle ne dépasse pas, en moyenne, 16 centimètres.

Plus la couche arable est profonde, moins le terrain souffre de l'humidité et de la sécheresse; l'eau descend ainsi plus bas, elle s'y conserve dans un plus vaste réservoir d'où elle remonte à la surface, à mesure que la chaleur sollicite son ascension capillaire.

Plus la couche arable est épaisse, plus le terrain peut recevoir de substances propres à la nutrition des végétaux ; les plantes y pénètrent plus avant et vont puiser leur nourriture à une plus grande profondeur. Les récoltes y sont moins sujettes à verser et plus abondantes.

La valeur du sol est d'autant plus grande que la couche arable a plus de profondeur ; elle baisse en proportion du peu d'épaisseur de cette couche. Les terrains superficiels, en effet, ont tous les défauts inhérents à leur composition minérale ; les plantes y souffrent des alternatives d'une température extrême, et leurs produits y sont peu assurés. On remédie à ces inconvénients par l'approfondissement de la couche arable, mais sous la condition qu'on disposera d'une quantité suffisante d'engrais et que le sous-sol pourra être utilement mélangé avec la surface.

On donne le nom de *sous-sol* ou *sol inerte* à la couche de terre qui se trouve immédiatement au-dessous de la couche arable ; dans la plupart des cas, les qualités de la surface, surtout lorsque la couche arable a peu de profondeur, dépendent du fond sur lequel elle repose.

On distingue deux espèces de sous-sol : le sous-sol de même nature que la couche arable et le sous-sol de nature différente ; lorsqu'il donne aisément passage à l'eau, on le dit *perméable ;* on l'appelle *imperméable* quand il offre une grande résistance à l'infiltration de l'eau.

La valeur du sol est d'autant plus élevée que le sous-sol modifie plus avantageusement les dispositions de la couche arable à retenir l'eau.

Le sous-sol de même nature que la couche arable constitue les terres *profondes ;* ce sont les meilleures, parce que la chaleur et l'humidité y favorisent, dans de justes proportions, la végétation et que les plantes y puisent leur nourriture dans un plus grand cube de terre ; mais il faut pour cela qu'elles ne soient ni trop compactes ni trop légères ; il faut, en un mot, qu'elles soient de bonne qualité. La profondeur de la couche arable est déterminée par la distance qui sépare cette couche du sous-sol. A l'aide d'un sous-sol composé des mêmes parties constitutives que celles de la couche arable, on peut aisément augmenter l'épaisseur de cette dernière ; il suffit, pour cela, de fouiller le sous-sol avec un instrument particulier qui le divise sans le retourner ni le ramener à la surface ; il prend alors part à l'action des engrais, l'air s'y infiltre, les plantes le divisent et l'ameublissent en y enfonçant leurs racines, et l'on peut ensuite, par un labour énergique, le ramener, en tout ou en partie, à la surface du sol, de manière à le mélanger et à l'incorporer à la couche arable.

Le mélange du sous-sol avec la couche arable de même nature est souvent un bon moyen pour renouveler l'énergie de cette dernière, épuisée de certains principes ; le sous-sol, dans ce cas, fait l'office d'un dépôt où l'on puise, au fur et à mesure des besoins, les moyens de régénérer la couche arable.

Un sous-sol, de nature différente de celle de

la couche arable, n'est avantageux qu'autant que ses qualités sont opposées à celle de la couche arable. La perméabilité ou l'imperméabilité est ici le caractère essentiel dont il faut se préoccuper.

Le sable et le calcaire laissent aisément passer l'eau, le sous-sol formé de ces éléments est donc perméable; l'argile et les tufs rocheux constituent les sols imperméables.

Un sous-sol perméable convient essentiellement au sol dont la couche arable est argileuse, l'eau surabondante s'en écoule plus facilement. Mais, pour que cette circonstance d'un sous-sol perméable soit avantageuse, il est nécessaire que la couche arable argileuse ait une certaine profondeur; si elle était très-superficielle, l'eau descendrait sans profit à une grande profondeur à travers le sous-sol perméable; les récoltes présenteraient une belle apparence au printemps, mais elles déclineraient à mesure qu'on avancerait vers l'été et seraient même exposées à périr par de grandes sécheresses. Dans un sol dont la couche arable est sablonneuse ou calcaire, il est avantageux d'avoir un sous-sol argileux qui retienne l'eau et empêche la surface de se dessécher trop rapidement. Ces bons effets, cependant, ne sont produits qu'autant que la couche arable descend à une certaine profondeur ; si elle était très-superficielle, le sous-sol argileux n'aurait d'autre résultat que de faire refluer à la surface l'eau qu'il aurait retenue, l'engrais resterait inactif dans le milieu noyé, et les plantes en éprouveraient de graves préjudices.

Le sous-sol de nature calcaire est une circonstance également avantageuse pour les terres sablonneuses et argileuses : ramené à leur surface et mélangé complétement avec elles, il les améliore notablement en donnant plus d'adhérence aux premières et en rendant les secondes moins compactes et moins froides.

Il est préférable de recourir à ce procédé ou à celui du marnage ou du chaulage, plutôt que de chercher à corriger les défauts des terres argileuses par un transport de terres sablonneuses, et *vice versâ ;* ces transports, toujours coûteux, se prêtent difficilement à un mélange parfait; il faut, en outre, un concours de circonstances économiques spéciales pour les appliquer avec profit.

En résumé, il existe une connexion intime entre le sol et le sous-sol, et la fertilité du premier dépend essentiellement de la nature du second.

Plus la couche arable a d'épaisseur, moins la réaction du sous-sol se fait sentir; plus la couche arable est superficielle, plus cette réaction est prononcée.

Les défauts inhérents à la surface du sol sont plus faciles à combattre que ceux résultant du sous-sol; ces derniers ne disparaissent souvent qu'à force de temps et d'argent; la connaissance du sous-sol exige donc de la part du cultivateur l'examen le plus sérieux s'il ne veut s'exposer à commettre des fautes ruineuses dans le mélange du sous-sol avec la couche arable, mélange d'ailleurs très-profitable quand il est fait judicieusement.

7. CAUSES D'AUGMENTATION OU DE DIMINUTION DANS LA VALEUR DU SOL.

a. Coloration du sol.

La couleur du sol exerce une influence **réelle** sur sa faculté de s'échauffer sous l'action du soleil. Plus la couleur du sol est foncée, plus le terrain s'échauffe facilement; il est d'autant plus froid que sa coloration est moins intense. Cette loi s'applique également aux terres qui retiennent fortement l'eau et se dessèchent difficilement : tant qu'elles sont humides, il **existe** entre elles et les terres sèches une **différence de** 7 à 8°, due, en partie, à l'abaissement de température produit par l'évaporation.

Dans les terres faiblement colorées, la végétation, toutes choses d'ailleurs égales, est plus retardée que dans les sols fortement colorés : la vigne y produit un vin moins riche en alcool.

b. Faculté d'échauffement du sol.

La faculté d'échauffement du terrain varie selon que le sol est plus ou moins bon conduc-teur du calorique. Sous ce rapport, le sable l'emporte sur l'argile : aussi un changement subit de température éprouve-t-il davantage les récoltes confiées aux terrains sablonneux que celles venues dans un terrain argileux ; les gelées blanches, par exemple, nuisent plus aux semailles dans les terrains sablonneux que dans les sols argileux. Il est bon d'observer cependant que le degré de fertilité du sol atténue, en partie, cet inconvénient. Le terrain bien travaillé et en bon état d'engrais a un degré de chaleur plus élevé que le terrain pauvre et mal cultivé : les façons aratoires et les fumures réchauffent, mécaniquement, le sol en le rendant plus meuble et plus sec, chimiquement, par la chaleur que développe dans son sein la décomposition des substances minérales et végétales ; ces considérations ne sont pas sans importance pour les labours d'automne et de printemps.

c. Forme de la surface.

La forme de la surface et l'exposition, le climat et les circonstances environnantes peuvent encore modifier les qualités du sol, augmenter ou diminuer sa valeur.

La surface du terrain est *plane* lorsque l'eau n'y trouve pas d'écoulement naturel ; dans le cas contraire, on le dit *en pente*.

Le terrain à surface plane ne se débarrasse de l'eau de pluie que par l'absorption ou l'évaporation ; le sol en pente s'en décharge, en outre, par l'écoulement. Le premier s'échauffe moins par les rayons du soleil que le second ; toutes choses d'ailleurs égales, les récoltes sont donc plus tardives dans les terrains en plaine que dans les terrains en pente.

Les terres légères en plaine ont plus de valeur que celles qui sont en pente ; les terres fortes, au contraire, s'arrangent mieux d'une surface inclinée.

d. Exposition du sol.

L'exposition du terrain vers tel ou tel des points cardinaux n'est pas indifférente. Plus le sol est argileux, moins il souffre de l'humidité dans une exposition au midi; plus un sol est sablonneux ou calcaire, moins il souffre de la sécheresse à l'exposition du nord.

Les terrains exposés au nord conservent plus longtemps l'humidité; ils se réchauffent et se ressuient moins vite que les terrains exposés au midi. Les engrais s'y décomposent plus lentement; les plantes y entrent plus tard en végétation; elles y souffrent davantage des vents froids et de la gelée; leurs produits, manquant de chaleur et de lumière, y sont aussi moins parfaits. Les qualités contraires s'observent dans les terrains exposés au midi: ils s'échauffent plus vite et à un plus haut degré; ils jouissent d'une lumière plus directe et plus vive; la végétation s'y réveille plus tôt; les produits agricoles y acquièrent plus de perfection.

Les terrains exposés au levant s'échauffent dès

le matin ; aussi passent-ils brusquement du froid de la nuit à l'impression d'un soleil ardent, et la végétation y souffre-t-elle davantage des gelées tardives au printemps. Les terrains exposés au couchant gardent plus longtemps la rosée; en revanche, le soleil y darde longtemps ses rayons dans l'après-midi.

Une pente trop forte ne convient à aucun terrain ; les pluies abondantes ravinent les pentes rapides et en entraînent la terre végétale ; les labours et le charroi des engrais y rencontrent de grandes difficultés : ces sortes de terrains ne sont jamais mieux utilisés qu'en prés arrosés ou en bois. Une pente modérée, inclinant au sud-est, est préférable, dans la plupart des cas, à un niveau parfait du sol : les plaines, qui présentent de nombreuses inégalités dans leur surface, sont difficiles à assainir; quand elles se creusent e cuvettes, l'absorption et l'évaporation sont les seules ressources dont on dispose pour épuiser l'eau surabondante.

e. Climat.

On comprend sous le nom de *climat*, la température propre à une contrée, le degré et la durée de la chaleur et du froid qui y règnent aux diverses saisons de l'année; les vents principaux qui y soufflent; la quantité de pluie qui y tombe et sa distribution entre les saisons; les orages, la grêle, la neige, etc., auxquels il est sujet. Dans l'appréciation du climat, il est surtout important de reconnaître le degré de température et le degré d'humidité : tous deux sont déterminés par l'exposition, la situation, les vents, le sol et le sous-sol.

Le climat varie principalement suivant la latitude du lieu et d'après son élévation au-dessus du niveau de la mer. Plus un pays est élevé au-dessus du niveau de la mer, plus sa température est froide, d'où suit que la chaleur est toujours beaucoup plus grande dans les plaines et surtout dans les vallées que sur les montagnes.

Toutes conditions égales, l'activité de la végétation est en raison directe de la chaleur de la contrée ; le degré plus ou moins élevé de la chaleur du climat détermine donc le choix des plantes à cultiver, le temps des semailles, les procédés de culture et l'époque de la récolte.

Il tombe plus de pluie dans les pays de montagnes que dans les pays de plaines ; les premiers conviennent mieux aux pâturages et aux forêts, les seconds sont préférables pour la culture des céréales et pour toutes les récoltes qui exigent le travail de la charrue.

Le climat est d'autant plus favorable à la végétation, que l'époque des grandes pluies coïncide plus exactement avec le développement herbacé des plantes, et qu'elles sont plus rares au temps de la maturation des récoltes.

Dans un climat sec, des rosées fréquentes et abondantes suppléent à l'absence de pluie ; les récoltes profitent d'autant mieux du bienfait des rosées que le terrain est tenu constamment plus meuble à sa surface.

Dans un climat humide, certaines récoltes, et notamment les céréales, appauvrissent moins le sol que dans un climat sec ; mais, à part cet avantage, le cultivateur se trouve rarement bien d'un climat humide, surtout avec un sol argileux : préparation des terres, semailles, façons d'entretièn et récoltes deviennent et plus difficiles et plus coûteuses dans cette dernière condition.

Le terrain fort se trouve bien de l'action du vent, qui aide puissamment à le ressuyer au printemps; tandis que dans les terrains légers, au contraire, des abris ménagés à l'aide de haies ou de plantations d'arbres sont très-avantageux en empêchant les vents de bouleverser la surface du sol et de lui enlever son humidité.

Le voisinage de marais, de cours d'eau, de la mer, de forêts ou de montagnes contribue singulièrement à modifier le climat.

Les brouillards qui s'élèvent des marais, non-seulement refroidissent l'atmosphère et exposent les récoltes du voisinage aux gelées d'automne et de printemps, mais ils causent encore des maladies aux plantes et diminuent la qualité et la quantité de leurs produits : ces effets fâcheux peuvent être détruits ou du moins atténués par le desséchement et la mise en culture des terrains marécageux et des étangs.

Les contrées traversées par de grands cours d'eau sont plus exposées que d'autres à des pluies fréquentes, aux rosées et aux brouillards. Elles peuvent, en outre, être sujettes à des débordements d'autant plus redoutables que les crues sont plus fortes, plus subites, et que le fleuve est plus rapide.

Le voisinage de la mer a pour résultat de rendre la température plus égale ; les vents, passant à sa surface, se chargent d'humidité et perdent ainsi une partie de leur âpreté : on sait que les îles jouissent d'un climat plus tempéré que les continents.

Les contrées couvertes de forêts sont, en général, plus humides que les pays peu boisés : toutes conditions égales, les variations brusques de température y sont plus sensibles ; elles sont très-froides en hiver ; la suppression des forêts, en tout ou en partie, suffit souvent pour adoucir notablement le climat.

Les hautes montagnes chargées de neige pendant une partie de l'année, refroidissent les contrées sous-jacentes et leur font sentir les mauvais effets des gelées précoces et tardives. D'un autre côté, les montagnes d'une élévation moyenne contribuent à maintenir la chaleur du pays en l'abritant des vents froids.

Enfin, il est des contrées plus exposées que d'autres aux orages. Tantôt ceux-ci suivent le cours des rivières, tantôt ils se forment sur les coteaux ou les montagnes, et fondent, de là, sur les plaines; d'autres fois, ils se divisent à leur point de départ et se portent sur certaines localités, sans qu'on puisse assigner de cause véritable à cette malheureuse préférence. Les pluies d'orage sont généralement regardées comme favorables à la végétation, mais elles ont l'inconvénient de battre le terrain et de le raviner quand il est en pente.

De ces divers aperçus il résulte que la connaissance du climat se lie d'une manière étroite à l'étude du terrain. Le sol, en définitive, a d'autant plus de valeur que le climat sous lequel il est situé convient mieux à la culture des plantes agricoles. Chaque plante a un sol et un climat qui lui sont propres, c'est-à-dire où elle végète naturellement avec le plus de succès au profit du cultivateur. Négliger cette considération, c'est s'exposer à adopter un faux système d'exploitation, à choisir, par exemple, pour un terrain sec, des plantes qui conviennent surtout à un terrain ou à un climat humide; c'est, par rapport au bétail, risquer de se tromper sur la race d'animaux ou le mode de spéculation d'après lesquels il convient d'opérer; c'est, en un mot, s'écarter de la voie naturelle et se jeter dans des hasards toujours dangereux, car ils aboutissent, la plupart du temps, à un déficit ruineux.

PRÉPARATION DU SOL.

1. Défrichement. — 2. Épierrement. — 3. Assainissement. — 4. Fossés à ciel ouvert.

Le sol, dans son état de nature, n'est pas toujours apte à recevoir, de prime abord, les diverses opérations d'une culture régulière ; bien des obstacles peuvent s'y opposer. Quelquefois il s'y trouve des arbres ou des buissons ; d'autres fois il est encombré de roches ou de pierres ; tantôt il souffre du séjour des eaux à sa surface ; tantôt, enfin, la couche arable et le sous-sol recèlent une humidité surabondante ; il faut nécessairement l'en débarrasser pour le rendre propre à la production des végétaux utiles : c'est le but qu'on se propose par le défrichement, l'épierrement et l'assainissement du sol.

1. DÉFRICHEMENT.

Le défrichement du sol, c'est-à-dire la conversion en terrain productif d'une terre inculte ou ne donnant que des résultats insuffisants, est une des opérations les plus délicates de l'agriculture; elle exige, avant tout, un tact sûr pour apprécier les chances favorables du défrichement; elle réclame aussi un capital suffisant pour mener l'entreprise à bonne fin.

Trop souvent on est disposé à se laisser séduire par l'illusion de bénéfices chimériques, surtout lorsqu'il s'agit d'un sol pauvre, lequel rembourse rarement les frais du défrichement; on détruit alors, dans l'espoir de revenus plus considérables, ce qu'il eût été sage de conserver comme donnant un revenu médiocre, mais en définitive certain et proportionné à la nature du sol.

Dans la pratique ordinaire, le défrichement s'applique aux bois ou forêts qu'on veut transformer en terres arables, aux terrains couverts de bruyères, aux vieilles friches ainsi qu'aux sols tourbeux.

Le défrichement d'un bois, toute considération commerciale laissée de côté, n'est avantageux qu'autant que le bois repose sur un terrain susceptible de produire immédiatement, sans frais extraordinaires, des céréales et des fourrages.

Les arbres enlevés, il importe de faire extraire avec soin les racines capables de gêner la marche des instruments aratoires; on procède ensuite au nivellement du sol, puis on y introduit la charrue. Plusieurs labours sont ordinairement nécessaires avant qu'on puisse l'emblaver.

Le sol qui est resté longtemps en forêts est, en général, assez riche des débris végétaux qui s'y sont amassés pour se passer d'engrais pendant les deux premières années du défrichement; mais ce serait une faute grave d'en tirer des récoltes jusqu'à l'épuisement complet de sa richesse séculaire : il convient, en général, de le fumer après l'enlèvement des deux premières récoltes.

Dans la plupart des cas, l'application du chaulage, aussitôt après le défrichement, est fort avantageuse, soit pour neutraliser le principe acide qui se rencontre ordinairement dans le sol forestier, soit pour rendre plus rapidement assimilable aux plantes l'humus qui s'y trouve déposé.

L'avoine, le seigle, le sarrasin, le colza, la navette, les pommes de terre et le trèfle incarnat sont les plantes qui réussissent le mieux sur un défrichement immédiat.

Les vieilles friches, les vieilles prairies que la mousse et les herbes grossières ont envahies, les terrains couverts de bruyères ne peuvent être convertis économiquement en terres arables qu'après avoir subi certaines opérations. La charrue seule ne suffit pas toujours, en effet, pour les amener à un ameublissement convenable, pour opérer une prompte décomposition des fibres végétales et détruire le principe acide qui frappe ces terrains d'improduction ; leur défrichement n'est profitable qu'autant qu'il a été précédé du brûlis. On choisit la saison la plus chaude de l'année pour mettre le feu aux bruyères ; le champ doit être ensuite égoutté et traité par une jachère complète. Le chaulage et surtout l'application de la chaux caustique aux terrains de bruyères récemment défrichés leur donnent rapidement une valeur agricole ; malheureusement, le carbonate de chaux est rarement à la disposition du cultivateur dans les contrées où les terrains de bruyères couvrent de vastes espaces. Le brûlis, dans ce cas, supplée au chaulage ; mais il est loin de le remplacer quant à ses effets durables.

Le brûlis peut encore être employé avec avantage pour les vieilles friches et les vieux herbages qu'on veut rompre ; mais il est préférable de recourir au procédé plus énergique de l'écobuage : c'est aussi le meilleur moyen qu'on puisse adopter pour convertir en terre labourable les sols tourbeux et les marais desséchés contenant beaucoup de débris végétaux entrelacés.

Mettre en culture, avant de les avoir écobués, ces sortes de terrains qui se couvrent ordinairement d'une herbe épaisse et grossière, c'est s'exposer à voir les anciennes plantes reparaître et étouffer les nouvelles récoltes. L'écobuage, judicieusement employé, détruit les mauvaises herbes particulières aux terrains humides, et leur substitue une herbe de bonne qualité quand on les remet en prairie, véritable destination des sols tourbeux et marécageux susceptibles d'irrigation.

L'écobuage, appliqué au défrichement, consiste à écroûter la surface du sol pour la soumettre à une combustion lente dans des fourneaux construits avec des mottes de gazon préalablement séchées. Pour écroûter le terrain, on peut se servir d'une charrue ou de l'instrument spécial appelé *écobue*. On pèle la surface du sol par bandes dont l'épaisseur est déterminée par celle de la couche gazonnée ; lorsque les bandes sont bien sèches, on les divise avec une bêche et on en fait, de distance en distance, sur le terrain, des tas arrondis de 1^m50 de hauteur sur 1^m60 de largeur, ainsi que le pratiquent les charbonniers. Le côté gazonné est placé à l'intérieur du tas ; on ménage un peu de vide en dedans de ce dernier pour y introduire des matières inflammables, telles que de la paille, des

bruyères, du menu bois. Quand tous les tas
sont prêts, si le temps est beau, on y met le
feu, en ayant soin de laisser peu d'air s'introduire dans les tas, afin que la combustion s'o-
père lentement. Lorsque tout est consumé, on
répand les cendres à la surface du champ et on
les enterre le plus tôt possible par un labour
léger. L'écobuage a pour effet de purger le sol
des insectes et des plantes nuisibles qu'il contient, et de mettre en valeur une masse considérable d'engrais, jusqu'alors à l'état inerte; mais
ces bons résultats ne sont obtenus qu'autant
qu'on agit sur un sol consistant et riches en débris végétaux. En dehors de ces deux conditions
capitales, le défrichement par écobuage est plutôt nuisible qu'utile; une ou deux premières récoltes abondantes seraient infailliblement sui-
vies de produits très-médiocres, qu'il serait impossible de relever, dans un sol léger, sans des
fumures répétées; le défaut de cohésion se serait, en outre, considérablement accru par l'é-
cobuage mal appliqué.

2. ÉPIERREMENT.

Le mode d'épierrement d'un champ se règle d'après le volume des pierres et d'après leur caractère de pierres roulantes ou fixes.

Si la présence de quelques graviers ou une certaine quantité de cailloux mêlés à la couche arable, peut, dans certains cas, communiquer au sol tantôt plus de chaleur, tantôt plus de fraîcheur, et lui être ainsi favorable, il est hors de doute qu'un trop grand nombre de pierres roulantes, cédant à l'action de la charrue et de la herse, devient nuisible en frappant d'improduction une partie de la couche vegétale, en usant rapidement les instruments et en forçant les faucheurs à laisser les chaumes très-longs. Il faut en débarrasser le champ; cette opération peut s'exécuter sans grands frais, si le pays offre la ressource d'une population nombreuse et active.

L'épierrement s'effectue avec avantage, de préférence dans la morte-saison et à l'aide de femmes ou d'enfants guidés par un chef d'atelier. Les pierres extraites du champ ne sont pas sans valeur : elles peuvent être utilisées, suivant leur nature, pour la confection des routes, ou employées à former des coulisses de drainage, des murs de clôture, etc. Si les pierres, gisant à la surface du sol, étaient trop grosses pour en être détournées sans dépenses excessives, on devrait s'en débarrasser en minant le terrain autour d'elles, de manière à les enfoncer assez avant dans le sol pour que la charrue ne puisse les atteindre. Les grosses pierres fixées dans le sol, assez près de la surface du champ pour gêner l'action des instruments aratoires, peuvent être attaquées avec la poudre; mais ce moyen n'est pas exempt de dangers; il exige beaucoup de précautions, ou mieux encore le concours d'hommes habitués à se servir de pétards.

Dans les pays de montagnes, le sol est souvent encombré de roches jetées à travers des espaces plus ou moins considérables de terres cultivables. L'extraction complète de ces roches serait une opération ruineuse à laquelle il ne faut pas même songer; on dépenserait en main-d'œuvre beaucoup plus que la valeur foncière du terrain. Le parti le plus économique à tirer d'un tel sol est de laisser intactes les roches qu'on ne peut enlever facilement, et de se borner à cultiver les intervalles qui permettent l'emploi fructueux des instruments aratoires. Lorsque les roches sont tellement multipliées que la surface du champ en est, en quelque sorte, hérissée, ce champ ne peut plus être exploité qu'avec les bras de l'homme. La plupart du temps, il conviendra de l'ensemencer en essences forestières ou d'y planter de la vigne, des noyers, des mûriers, etc., si le sol, le climat et l'exposition permettent ces cultures arbustives.

3. ASSAINISSEMENT.

Les arbres, les buissons, les friches, les pierres sont des difficultés contre lesquelles le cultivateur a souvent à lutter au début de sa carrière et dont il triomphe sans trop de frais, dans la plupart des cas, lorsque ses opérations sont conduites avec habileté et prudence; mais

de tous les obstacles, le plus redoutable et le
plus difficile à surmonter est sans contredit l'excès d'humidité du sol. Telle est l'importance de
l'assainissement du terrain, que, tant qu'on ne
l'a pas obtenu, toute tentative d'amélioration
aboutit presque à une dépense stérile. Cette opération réclame donc toute l'attention du cultivateur. On le conçoit sans peine.

L'humidité permanente du sol, quelle qu'en
soit la cause, a pour conséquence de neutraliser
les bons effets du chaulage et du marnage; elle
paralyse l'action des engrais; elle empêche les
semences de lever, ou du moins nuit à leur germination et à leur développement. Dans un sol
constamment humide, les récoltes sont d'autant
plus compromises, que les saisons sont plus
pluvieuses; la maturité souvent s'effectue mal et
éprouve un retard considérable; les récoltes
sont diminuées et leur qualité dépréciée. Les façons aratoires et les travaux de la moisson s'exécutent rarement à propos et dans de bonnes
conditions; le sol en éprouve un dommage considérable; les mauvaises herbes y pullulent et ne
peuvent être que difficilement détruites: grains,

racines, fourrages, produits de toute nature, sont gravement exposés dans une exploitation dont les terres pèchent par une humidité surabondante. Il n'est pire position pour le cultivateur; il y expose sa santé, s'y épuise en efforts stériles, et il finirait par y consommer sa ruine, s'il ne cherchait à s'y soustraire le plus tôt possible.

La première règle à observer quand on veut assainir un terrain est de s'assurer de l'origine de l'humidité. Celle-ci peut provenir de deux causes principales : des eaux sous-jacentes ou des eaux de la surface. Le mode d'assainissement varie suivant l'une ou l'autre cause.

Les eaux sous-jacentes résultent de sources ou d'infiltrations. On sait que les sources sont formées de l'eau des pluies ou de la fonte des neiges. L'eau, traversant des couches poreuses, pénètre dans le sol et s'y enfonce jusqu'à ce qu'elle soit arrêtée par une couche imperméable, roche ou argile; elle s'accumule alors en plus ou moins grande quantité dans cette espèce de réservoir naturel, et, pressée par l'épaisseur des couches supérieures du sol, elle s'échappe de son lit pour venir sourdre à la surface sous forme de sources plus ou moins considérables Dans ce cas, il faut aller saisir les sources à leur point de départ en pénétrant jusqu'à elles à l'aide de fossés ; une fois maître des sources, on les réunit dans une ou plusieurs tranchées, et on les écoule par un fossé de décharge.

Les infiltrations peuvent avoir pour cause la stagnation de l'eau dans les fossés qui entourent le champ ou le voisinage d'un cours d'eau supérieur. Dans le premier cas, il faut donner plus d'écoulement à l'eau en augmentant la profondeur ou la pente des fossés ; dans le second cas, il n'y a d'autre parti à prendre que de s'endiguer ou d'exhausser le sol par des transports de terre ou mieux par le colmatage, si l'on dispose d'un cours d'eau limoneux.

Les eaux de la surface qui apportent une humidité surabondante dans le sol sont occasionnées le plus souvent par le débordement de ruisseaux ou de rivières, ou par les eaux de pluies abondantes tombant sur un sol trèsargileux et ne s'évaporant que lentement.

On débarrasse les terrains inondés en ouvrant

une issue à l'eau au moyen de larges fossés creusés dans le sens de la pente du terrain : ces fossés doivent rester constamment ouverts si les débordements sont fréquents.

Les débordements, en se répandant dans les plaines, y forment parfois des marais ou des flaques d'eau plus ou moins considérables lorsqu'elles se rassemblent dans des bassins déterminés par les inégalités du terrain et son imperméabilité.

Ces cuvettes, isolées au milieu des champs, sont souvent très-difficiles à dessécher lorsque le terrain présente peu de pente. Il faut sonder le sol pour étudier la nature et la profondeur de la couche imperméable qui retient l'eau. Si elle avait peu d'épaisseur et si elle reposait sur un banc de sable que l'eau n'a pas atteint, il suffirait de percer, à l'aide d'une tarière, la couche imperméable qui retient l'eau; celle-ci irait bientôt se perdre dans la couche sablonneuse, et le terrain se trouverait complétement assaini, grâce à ces *boitout* ou puisards artificiels.

Mais il peut arriver que le sous-sol perméable se trouve à une trop grande profondeur pour qu'on y parvienne économiquement; il faut alors se résigner à conserver des mares perdues dans les champs : on peut en tirer parti en s'en servant comme de points de décharge où l'on fera aboutir les rigoles d'écoulement tirées à travers les pièces ; on plante les bords de ces mares de peupliers, d'aunes, de saules ou de tous autres arbres qui se plaisent au voisinage des eaux et contribuent à atténuer leurs mauvais effets et à amener peu à peu leur absorption.

Dans les terres de consistance moyenne, il est rare que les eaux pluviales séjournent longtemps à la surface si le terrain n'est pas absolument plat; de simples rigoles d'écoulement tirées avec la charrue ou le buttoir, dans le sens de la pente du terrain, suffisent ordinairement pour faire écouler l'eau surabondante. L'établissement de rigoles, bon dans toute espèce de terrain sujet à l'humidité, devient une nécessité indispensable dans les sols argileux. Il faut les ouvrir aussitôt que la semaille est terminée; il faut surtout avoir soin de les tenir constamment nettes, afin que l'eau y circule librement ; le cultivateur devra donc les visiter souvent, principalement après la fonte des neiges ou les grandes pluies. Des rigoles d'écoulement bien faites et bien entretenues peuvent suffire pour tenir le terrain bien égoutté ; elles rendent la culture du sol plus facile et plus économique; elles permettent d'employer moins de semence, donnent plus d'énergie aux engrais et font que les **récoltes** sont moins casuelles.

Les terrains très-argileux que des pluies continues ont rendus inabordables, peuvent être assainis sans trop de difficultés lorsqu'ils ne recèlent pas de sources et qu'ils présentent une pente suffisante ; à cet effet, on leur applique avec avantage le chaulage et le brûlis du terrain, opération qui consiste à diviser la croûte du sol en cubes pour la soumettre à une combustion analogue à celle de l'écobuage. Souvent il suffit de labours profonds, aidés de saignées superficielles, pour chasser complétement l'humidité surabondante ; malheureusement ces moyens puissants sont négligés par la plupart des cultivateurs.

Mais si l'excès d'humidité a pour cause non-seulement la ténacité de l'argile, mais encore la présence de sources ou de filtrations dans le sol, les moyens précédents ne suffisent plus, il faut nécessairement leur substituer un moyen plus énergique, l'établissement de fossés.

4. FOSSÉS A CIEL OUVERT.

Souvent un champ n'est sujet à l'humidité que parce qu'il est dominé par d'autres fonds qui déversent sur lui leurs eaux; il faut alors l'entourer d'un fossé de ceinture. Dans les grandes pluies, en effet, ce champ, fût-il d'ailleurs assaini intérieurement, n'aurait pas le temps d'absorber les eaux déversées par les terrains dominants, il en serait submergé et raviné.

Souvent encore une terre est rendue humide par une source, un ruisseau ou torrent qui la traversent sur un niveau trop élevé. Ces eaux saturent constamment le sol et même l'inondent dans les temps pluvieux. Il est rarement possible de les détourner, parce que la configuration du sol s'y oppose, ou qu'elles sont nécessaires à l'irrigation des parties inférieures. Comme dans le cas précédent, on ne peut conjurer le mal qu'en creusant un fossé, ou en donnant à celui qui existe la largeur, la profondeur et la pente suffisantes.

Le fossé à ciel ouvert est généralement le seul mode qui puisse débarrasser le sol des eaux qui s'accumulent dans ses dépressions. Son emploi est encore utile sur les plateaux à pente insensible, où il est souvent difficile de trouver une issue directe pour l'évacuation des eaux. Dans ce cas, on divise la surface dans le sens de la pente, par des fossés où viennent déboucher tous les travaux d'assainissement, soit que ceux-ci consistent en simples raies de charrue, soit en drainages partiels ou complets.

La figure 1re représente un fossé à ciel ouvert. La partie médiane AB est déterminée par le volume d'eau que le fossé doit contenir. Cette largeur est, au besoin, réduite à celle de la pelle qui doit opérer le nettoyage.

On donne aux talus AD, BC, des inclinaisons différentes, suivant que les terres sont plus ou moins sujettes à s'ébouler. Celle de 45°, soit un de base pour un de hauteur, est généralement la plus convenable.

Il faut être très-réservé sur la diminution du talus ; elle ne doit avoir lieu que dans les terres qui se maintiennent d'elles-mêmes. On doit au contraire l'augmenter lorsque les parois sont sujettes à être corrodées par la vitesse et l'abondance des eaux. Dans ce dernier cas, les fossés

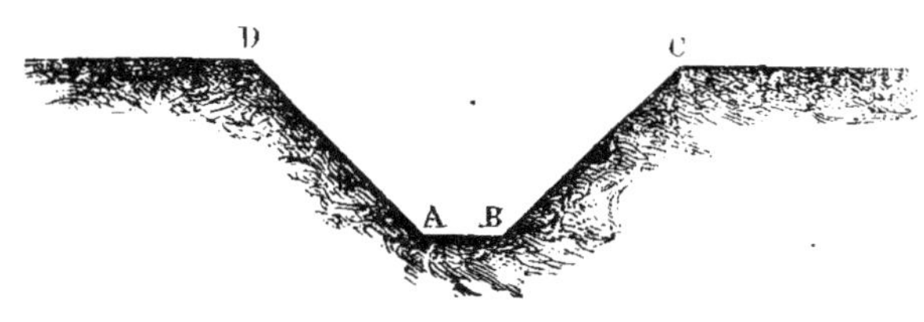

Fig. 1. Fossé à ciel ouvert.

acquièrent quelquefois une grande importance en largeur. On peut accroître alors la solidité des talus par des revêtements de gazon et par des plantations de saule, d'osier, d'aune, de peuplier, etc., qu'on maintient à l'état de cépée, afin que les tiges plient sous l'action des eaux au lieu de faire résistance.

On établit quelquefois des fossés à parois verticales en maçonnerie sèche ou à mortier. Ce mode économise du terrain ; mais il est rarement employé par suite de la dépense qu'il occasionne.

La pente longitudinale d'un fossé est déterminée soit par la pente naturelle du terrain, soit par la nécessité d'arriver à l'orifice de décharge qui ne se trouve pas toujours assez profond. On peut, dans ce dernier cas, la réduire facilement à un millimètre par mètre ; au-dessous de cette limite, le fossé, ne se nettoyant pas de lui-même, demanderait plus de surveillance.

Lorsque la pente est trop forte, l'eau dégrade les rives, si on n'amortit son cours. On obvie à cet inconvénient en élevant de distance en distance de petits barrages A A A (fig. 2). Ces arrêts sont, suivant leur importance et les matériaux dont on dispose, confectionnés avec de la terre, des mottes, des gazons ou des piquets entrelacés de branchages. On enfonce au bas du barrage une ou plusieurs pierres qui reçoivent le choc de l'eau. Les barrages facilitent les dépôts de limon que l'eau entraîne et qu'on doit ménager dans tout fossé par des excavations creusées de distance en distance.

Quant à la profondeur à donner au fossé, on ne peut conseiller qu'une chose, c'est d'user de toutes les ressources du niveau pour que l'eau ne déborde jamáis dans la terre qu'on assainit.

A part ces circonstances spéciales, le fossé à ciel ouvert trouve rarement un emploi utile dans l'intérieur des terres, à cause de l'espace qu'il fait perdre, de la surveillance qu'il exige et des embarras qu'il apporte à la culture.

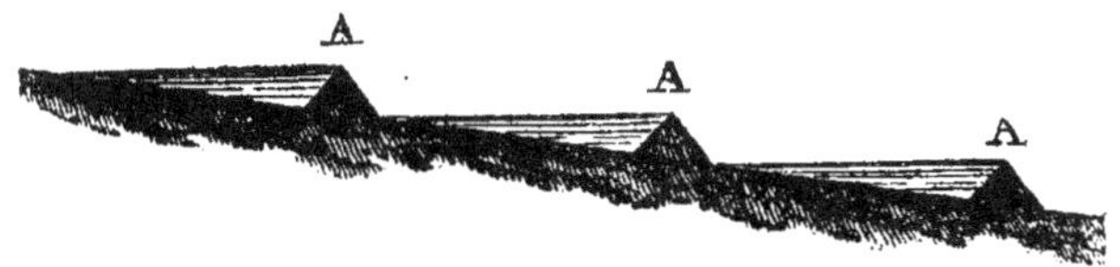

Fig. 2. Barrages.

C'est ici que commence le rôle du fossé couvert qui a reçu de nos jours une grande perfection par un mode d'assainissement d'origine anglaise, connu sous le nom de drainage. Ce nouvel art diminue ou annule l'importance des anciens procédés. Il n'est guère possible aujourd'hui de conseiller l'emploi de fossés dont le fond est rempli de fascines de bois vert ou même de paille. La durée de ces matériaux est trop limitée pour être en rapport avec la dépense qu'entraîne nécessairement un travail d'assainissement bien fait. On peut, au contraire, dans certaines cir-constances, faire une exception en faveur du sac de pierres et de la coulisse que nous décrirons plus loin, à la condition que ces travaux soient établis conformément aux règles du drainage proprement dit.

DRAINAGE.

Le drainage est l'art de débarrasser les terres
de l'eau surabondante dont le séjour prolongé
nuit au développement des plantes.

L'air nécessaire à l'existence des végétaux ne
pénètre naturellement dans le sol qu'à une faible
profondeur. C'est par l'eau des pluies ou des

irrigations que celui-ci arrive jusqu'à leurs racines. Si le sol est sain, c'est-à-dire bien filtrant, l'air se renouvelle à chaque pluie ou à chaque irrigation. Au contraire, s'il est trop compacte et retient l'humidité, les eaux nouvelles ne peuvent y pénétrer, parce que la place est déjà prise; elles coulent ou restent à la surface; il résulte de ce défaut que l'air et l'eau contenus dans l'intérieur du sol remplissent imparfaitement leur rôle, soit comme agents de nutrition, soit comme dissolvants de l'humus. Le sol est constamment froid, parce que l'eau, par son évaporation incessante, lui enlève sa chaleur, et que les pluies chaudes de l'été ne peuvent y pénétrer ni la réchauffer. Les plantes souffrent d'autant plus que ces défauts sont plus prononcés. Les labours, dans une pareille terre, sont difficiles et souvent imparfaits; les récoltes y sont tardives et casuelles, parfois même réduites à des produits grossiers.

Ces considérations font comprendre l'importance du drainage dont nous allons résumer les principales règles.

Le drain (fig. 3) qui fait le fond du drainage

anglais, se compose d'une tranchée qu'on nomme
drain; on donne même aujourd'hui ce nom à tout
fossé qui a pour but l'assainissement. Au fond de
ce drain on dispose bout à bout des tuyaux cylin-
driques A en terre cuite, appelés tuyaux de drainage. La forme du drain a pour but d'éviter un
déplacement de terre plus considérable que ce-

Fig. 3. Drain.

lui strictement nécessaire à la pose des tuyaux;
une fois cette pose faite, on rejette dans le drain
la terre qui en a été extraite, et rien ne paraît à
la surface du champ.

Les eaux surabondantes se font jour à travers le sol, elles tombent de droite et de gauche
au fond du drain et entrent dans les tuyaux par
leurs joints. Elles trouvent ainsi à l'intérieur

une sortie qui est facilitée, même avec une faible pente, par le galbe uni du tuyau.

La fig. 4 donne une idée d'un drainage réduit à sa plus simple expression, mais complet. La terre est sillonnée de drains *a a a*, désignés sous le nom de *drains ordinaires*. Les eaux qu'ils

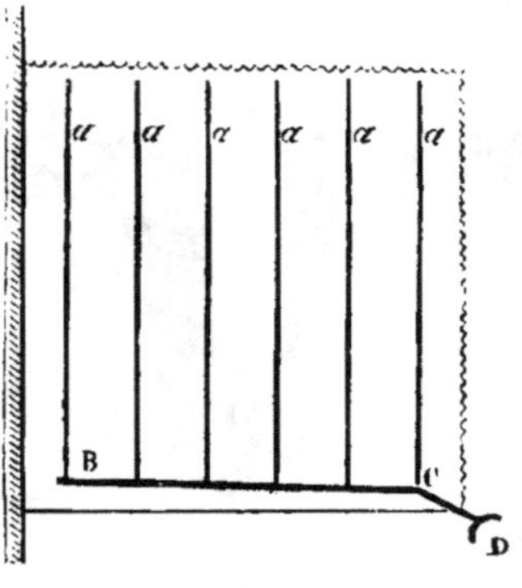

Fig. 4.

soutirent du sol sont recueillies par un drain B C, appelé *drain collecteur*. D représente l'orifice de décharge, c'est-à-dire le lieu où les eaux du drainage sont évacuées, soit à la sortie du terrain drainé, soit plus loin par le prolongement du drain collecteur.

1. DRAINS ORDINAIRES.

Les drains ordinaires doivent être dirigés dans le sens de la plus grande pente du sol. Par cette disposition, l'eau trouve constamment une issue dans les drains à droite et à gauche. Si, au contraire, ils sont placés en travers de la pente, l'eau n'entre forcément que par leur partie supérieure.

Le drain ordinaire et la partie du drain collecteur dans laquelle il déverse ses eaux, peuvent, à la rigueur, opérer leur rencontre par un angle droit, mais jamais par un angle aigu. Ce dernier, en effet, fait obstacle à l'écoulement et facilite les dépôts. Si la disposition des lieux fait arriver les drains ordinaires dans cette direction, on les infléchit à leur rencontre avec le collecteur, de manière à obtenir un angle obtus.

2. PROFONDEUR DES DRAINS.

Jusqu'à une certaine limite, un drain assainit un espace proportionnel à sa profondeur, ce
qui est démontré à l'aide de la figure 5 :

Soit A B le sol, C D deux drains placés à des
profondeurs différentes ; le premier opérera l'é-

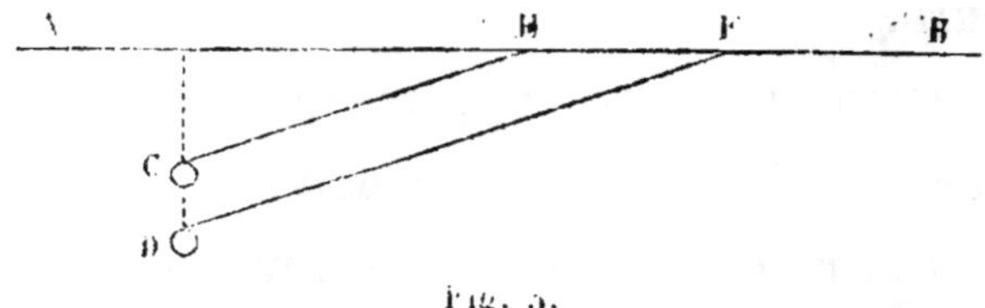

Fig. 5.

coulement des eaux par la pente CE, le second
par une pente parallèle D F. Ce dernier assainira donc un espace plus grand.

Suivant ce principe, avec un drainage superficiel, il faut rapprocher les drains. On peut au
contraire les écarter proportionnellement quand
les drains sont profonds. Ces derniers ont, en
outre, l'avantage de mettre les plantes à l'abri
de l'effet de la capillarité qui soulève les eaux à

45 centimètres et même jusqu'à 60 centimètres.

L'expérience a établi les limites extrêmes de la profondeur des drains entre 0^m 90 et 1^m 30. On peut s'attendre à un assainissement d'autant plus imparfait qu'on descendra au-dessous du minimum, et on ne doit s'y résoudre que dans les cas de creusements difficiles ou de pente insuffisante.

La profondeur la plus généralement adoptée est 1^m20.

3. ESPACEMENT DES DRAINS.

L'espacement des drains varie de 8 à 20 mètres, mais plus souvent de 10 à 15 mètres. La généralité des terres ne résiste pas à un assainissement opéré à la plus petite de ces dernières distances. D'un autre côté, l'effet au delà de la seconde est très-souvent douteux.

Quand une terre réclame impérieusement le drainage, il ne faut pas hésiter à la drainer du premier coup, et suivant son appréciation, à 8 ou 10 mètres. Dans certains cas, au contraire, où l'on peut attendre de grands résultats de la porosité du sol, on donne aux drains une distance double. Si ce moyen réussit, on a évité la moitié des frais de drains ordinaires. Si au contraire, au bout de deux ou trois ans, on reconnaît que l'assainissement est imparfait, on le complète au moyen de drains intermédiaires. Il est prudent, dans ce cas, de faire les raccords des drains éventuels avec les drains collecteurs par deux ou trois tuyaux. Cette précaution permet de faire le travail complémentaire sans apporter de dérangement au premier.

Un drain assainissant le terrain par moitié de chaque côté, il suffit de placer celui qui borde la limite à la moitié de la distance adoptée. On conserve également cette distance aux files de drains qui sont en dessous d'un collecteur.

4. PENTE DES DRAINS.

Lorsque le terrain à assécher présente peu d'inclinaison, on peut réduire la pente des drains à tuyaux à 2 millimètres, et même exceptionnellement à 1 millimètre. On peut accroître cette pente ou la créer entièrement dans cer-tains cas, en donnant à un drain en tête une profondeur moindre qu'au fond. Soit, par exemple, un drain de 100 mètres de longueur, sans pente, mais ayant un orifice de décharge suffisamment profond. On creuse ce drain en tête, à 1 mètre de profondeur, et, au fond, à 1^m 20 ou 1^m 10 et 1^m 30. On lui procure par cet artifice une pente de 2 millimètres par mètre.

5. DRAIN COLLECTEUR.

La position du drain collecteur est ordinairement déterminée par le thalweg du terrain. Elle est quelquefois détournée de cette direction par l'orifice de décharge qui se trouve sur un autre point, soit par la disposition des lieux, soit par l'usage qu'on veut faire des eaux.

Les drains ordinaires doivent se réunir au collecteur, de manière que leurs arêtes supérieures soient sur le même plan (fig. 6). Le drain collecteur doit donc être approfondi de

la différence en plus du diamètre de son
tuyau.

6. SYSTÈME DE DRAINS.

Un drainage est composé d'un ou de plusieurs systèmes, suivant qu'il est établi sur une
ou plusieurs pentes. Chaque système déverse

Fig. 6.

ses eaux suivant la disposition du sol ou les
convenances, dans un orifice particulier ou
commun à d'autres.

7. DIMENSION DES DRAINS.

La largeur d'un drain en tête varie de $0^m 30$
à $0^m 50$, suivant la profondeur qu'il doit avoir
et suivant la tendance des terres à s'ébouler.

Cette largeur est généralement de $0^m 40$ pour un drain de $1^m 20$ de profondeur.

Sa largeur au fond est celle des tuyaux employés, soit $0^m 06$ à $0^m 07$ pour les drains ordinaires, et $0^m 10$ à $0^m 20$ pour les drains collecteurs.

8. DIMENSION DES TUYAUX DE DRAINAGE.

On donne ordinairement aux tuyaux des drains ordinaires un diamètre intérieur de $0^m 03$ à $0^m 035$. D'après M. Hervé Mangon, des tuyaux de ce module peuvent suffire pour une longueur de drains de 250 à 330 mètres. On doit se rapprocher d'autant plus du minimum que la pente est plus faible. Ce calcul est fait d'après les eaux de pluie; si le terrain contenait des eaux de source, il faudrait diminuer ces longueurs en raison de leur débit.

Un tuyau de drain collecteur de 6 à 7 centimètres de diamètre intérieur peut recevoir le produit des drains ordinaires pour une surface de 2 à 3 hectares.

Partant de ces données, un système de drains n'excédant pas les contenances assignées peut être débité par un seul collecteur. On établit au contraire 2 ou 3 collecteurs suivant que ces limites sont dépassées.

Lorsqu'un drain collecteur reçoit le produit d'autres collecteurs, son diamètre doit être augmenté en raison de l'eau qu'ils fournissent. On atteint le même but à l'aide de deux collecteurs ordinaires placés l'un à côté de l'autre ou, au besoin, au moyen d'un troisième placé sur les deux.

Le drainage à tuyaux, comme il vient d'être décrit, présente un tel avantage sur les anciens modes qu'il doit généralement leur être préféré ; cependant, il est des circonstances qui peuvent motiver l'emploi de la coulisse et du sac de pierres.

Il est encore, en effet, des localités où l'on ne se procure pas facilement des tuyaux de drainage. Il est, en outre, des sols encombrés de pierres dont on peut se débarrasser économiquement en les faisant servir à l'assainissement du sol. Ce genre de drainage est encore le plus utile près des lignes d'arbres dont les racines obstrueraient infailliblement les tuyaux.

9. COULISSE.

Un drain à coulisse (fig. 7) doit être fait comme un drain à tuyaux, seulement il faut lui donner une largeur plus grande au fond, mais variable suivant les matériaux dont on dispose. Ordinairement, elle n'a pas moins de 30 centimètres. On doit poser une pierre à plat au fond, précaution rarement prise, mais qui le rend plus solide. On dresse contre les parois du drain deux autres pierres de champ qu'on recouvre d'une quatrième. On a ainsi un petit canal qui fonctionnera d'autant mieux qu'on aura bouché plus soigneusement avec de petites pierres les interstices de la toiture. Si l'on a à se débarrasser d'autres pierres, on peut en remplir le drain jusqu'à près de 60 centimètres du sol.

10. SAC DE PIERRES.

Un drain à pierre (fig. 8) présente les mêmes dimensions que le précédent. Il peut être rempli de pierres au besoin jusqu'à la même hauteur,

Fig. 7. Drain à coulisse.

mais il doit avoir au moins une épaisseur de 35 centimètres. On ne doit, au-dessus de cette limite, s'imposer d'autre condition que celle de ne pas élever les pierres trop près de la surface du sol. Dans les anciens drainages de ce genre on voit souvent en été les plantes se dessécher au-dessus du drain, parce qu'on n'a pas laissé à la couche de terre une épaisseur suffisante.

Ces deux modes doivent être soumis aux mêmes règles que celles applicables aux drains à tuyaux, si l'on veut en obtenir de bons effets.

Fig. 8. Drain à pierre.

On ne doit pas les employer dans les terrains à faible pente. Ils fonctionnent mal au-dessous de 5 millimètres par mètre, à cause des circuits que l'eau est obligée de faire et des arrêts qu'elle rencontre.

11. DRAINAGE PARTIEL.

Avant d'entreprendre un drainage, opération toujours coûteuse, il faut s'assurer si on ne pourrait pas détruire la cause de l'humidité par un drainage partiel. Souvent un drain d'enceinte établi sur le haut de la propriété, suffit à arrêter les infiltrations auxquelles la terre doit son humidité.

Une source qui surgit en un ou plusieurs points d'un champ peut être encore la cause du mal. Un drain poussé de l'orifice de décharge dans cette direction procure souvent un assainissement suffisant. On épaule ce drain en dessous de la source de deux drains en patte d'oie qui arrêtent les infiltrations. Dans un terrain rocheux où un drainage complet serait utile, mais ruineux, quelques drains passant par les parties les plus basses suffisent souvent, sinon à assainir complétement le sol, au moins à le disposer convenablement pour une culture régulière. On ne doit pas, dans ce cas, s'attacher à donner au drain une direction absolue, mais profiter, au contraire, des veines de terre qu'on rencontre et qui facilitent le travail.

12. DRAINAGE COMPLET.

On a indiqué plusieurs moyens de reconnaître si un terrain a besoin d'un drainage complet. Le plus simple consiste à creuser sur divers points des trous à deux fers de bêche et de les examiner après une forte pluie. Ces trous se vident d'autant plus vite que le terrain est plus sain; ils conservent, au contraire, l'eau d'autant plus longtemps que le sol est plus ou moins imperméable. En ajoutant à cette donnée les résultats de l'expérience personnelle qui ne manque jamais de signaler les endroits où les récoltes jaunissent ou bien s'infestent le plus de plantes aquatiques, après des pluies prolongées, le cultivateur attentif reconnaîtra bientôt quelles sont les parties de ses champs qui réclament d'abord l'assainissement; il y procédera sans retard, et cette première expérience acquise lui servira plus tard de guide pour les autres parties de son exploitation qui auraient besoin d'être drainées.

13. PROJET DE DRAINAGE.

Le mode le plus simple pour faire un projet de drainage est, sans contredit, d'opérer le lever du terrain par courbes horizontales. Soit le projet de drainage d'un champ, représenté par la figure 9.

Voici comme on opère. On arrive sur le terrain muni d'une chaîne et d'une équerre d'arpenteur, d'un niveau d'eau ou à bulle d'air et de jalons. On prend pour base de l'opération une ligne 1, 1, par exemple, qu'on choisit, autant que possible, suivant la direction générale de la pente. On élève sur cette ligne et à la distance d'un nombre rond de chaînées, deux perpendiculaires af, af. Ces deux perpendiculaires sont contenues ordinairement dans le périmètre de la propriété, mais elles peuvent au besoin en sortir.

Sur chacune de ces perpendiculaires on mesure à la chaîne des distances parallèles AB,

BC, CD, etc., auxquelles on donne 20 ou 30 mètres et plus, suivant que le terrain est plus ou
moins accidenté. Chacun des points qu'on vient
de déterminer est marqué par un jalon.

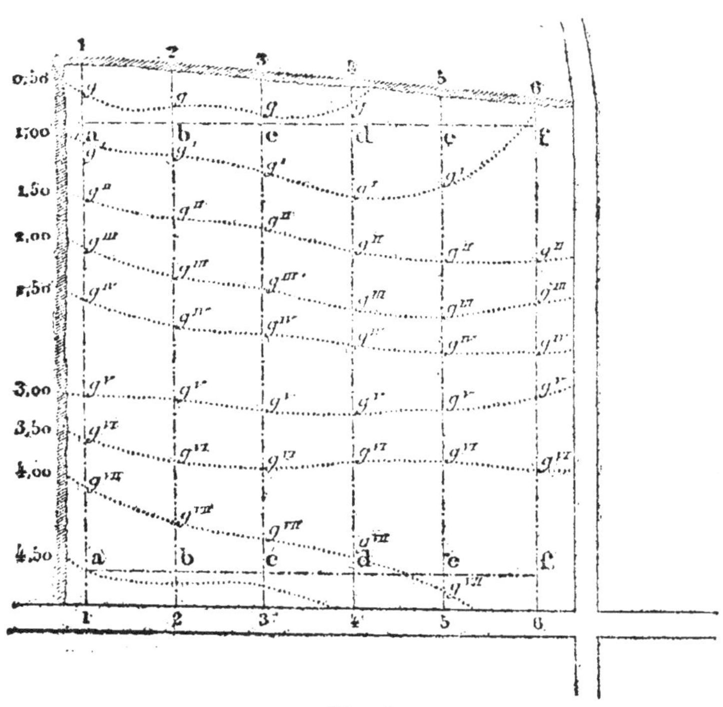

Fig. 9.

Après ce travail préparatoire, l'opérateur
place son niveau dans un point d'où il puisse
embrasser le plus grand espace possible d'une
seule visée. Il fait transporter le porte-mire sur

le point le plus élevé du champ et dans l'alignement de la parallèle qui y correspond, soit dans
la fig. 9, en tête de la ligne 1, 1. Celui-ci, après
avoir fixé solidement sa mire, suivant la visée
de l'opérateur, pose un jalon au point déterminé
que nous nommerons zéro.

Alors on s'occupe de déterminer les horizontales, qui seront à une différence verticale de
notre premier point et de l'une à l'autre de $0^m 25$,
$0^m 50$ ou 1 mètre, suivant que le terrain présen-
tera plus ou moins de pente. Supposons que
nous voulions abaisser nos horizontales de $0^m 50$
de l'une à l'autre : le porte-mire élèvera sa mire
de $0^m 50$, et se transportant sur la ligne 1, 1, par
exemple, il montera ou descendra dans l'alignement, jusqu'à ce que sa mire soit sur le
point de visée de l'opérateur. Il posera un jalon
au point déterminé g, et passera à la ligne suivante 2, 2, pour faire la même opération ; puis
sur la ligne 3, 3, et ainsi de suite. Si on relie par
la pensée tous les jalons que le porte-mire vient
de poser, on aura une première horizontale
g, g, g, g, à $0^m 50$ en contre-bas du point le
plus élevé zéro. Pour obtenir la seconde horizon-

tale, le porte-mire élève sa mire de 0^m 50, et il la promène sur chaque alignement jusqu'à ce que sa mire soit sur le point de visée de l'opérateur. Chaque point sera de nouveau marqué par un jalon, et l'ensemble de tous déterminera une nouvelle horizontale $g^1 g^1 g^1$ et en contre-bas de 0^m 50 de la précédente et de 1 mètre du point zéro.

On continue de même l'opération jusqu'à la fin du champ. Celui-ci se trouve alors divisé par des lignes de niveau qui sont plus basses les unes que les autres de 0^m 50 en 0^m 50.

On peut avoir besoin, dans le courant de l'opération, de changer le niveau de place. Il suffit alors d'accorder la mire au pied d'un des jalons de la dernière horizontale et de l'élever ensuite de 0^m 50 pour déterminer l'horizontale suivante.

Il est indispensable, pour se reconnaître dans l'opération, de distinguer chaque nature de jalons, ce qui peut se faire au moyen de papiers de couleurs différentes introduits dans une fente au bout d'un bâton. Dans les terrains plats, on est même quelquefois forcé de distinguer alternativement les horizontales, parce qu'elles se confondent en certains points et sont difficiles à suivre de l'œil.

14. PLAN DE DRAINAGE.

Maintenant il s'agit de lever sur le papier le plan de ce travail. On a dû préparer d'avance une feuille divisée au crayon par lignes parallèles de 20 ou 30 mètres et plus, suivant la distance qu'on a adoptée dans la détermination sur le terrain des lignes 1, 1, 2, 2, etc.; on adopte or-nairement pour échelle 1 millimètre pour 1 mètre.

Il est prudent de tracer sur le papier au moyen d'une équerre, les perpendiculaires sur la ligne qu'on prend pour ligne d'opération. Comme on connaît leur distance, c'est un contrôle en cas d'erreur.

On mesure alors sur la première ligne 1, 1, en descendant, par exemple, la distance de 1 à la première horizontale, de celle-ci à la perpendi-culaire, de la perpendiculaire à la seconde ho-rizontale, et ainsi de suite jusqu'au fond du champ, en ajoutant successivement les nombres au lieu de les prendre partiellement. On a soin de marquer chaque fois sur le papier gradué, au moyen du décimètre et par un point, chaque distance. On passe alors à la seconde ligne 2, 2, qu'on mesure de la même manière en remontant, et ainsi de suite pour les autres. Toutes les horizontales sont déterminées sur le papier en reliant successivement par un trait tous les points placés sur la même horizontale. On a dans le cours de l'opération toutes les facilités de pouvoir déterminer les limites de la propriété, ses murs, haies ou fossés, soit en suivant les lignes parallèles, soit en prenant des perpendiculaires aux points déterminés qui se rapprochent le plus des parties latérales.

On obtient ainsi sur le papier, non-seulement les horizontales qui serviront à déterminer le travail ultérieur, mais encore la configuration complète du terrain.

On figure à l'encre noire le périmètre de la propriété, ses murs, haies ou fossés, ainsi que les horizontales et les côtes de nivellement. Quand ces côtes peuvent être embrassées d'un seul coup d'œil, on se contente de les inscrire à chaque extrémité; si elles sont longues, on les inscrit encore au milieu.

On note également, si c'est nécessaire, la côte de niveau de l'orifice de décharge et sa distance.

Tout le travail préparatoire est donc indiqué à l'encre noire.

Tout ce qui sert au contraire à déterminer le drainage proprement dit, tels que les drains ordinaires, les drains collecteurs, les profondeurs qu'ils doivent avoir en tête et au fond, sera tracé à l'encre rouge.

Maintenant pour figurer le drainage sur ce plan, il n'y a qu'à se rappeler que les drains ordinaires doivent être placés dans le sens de la plus grande pente; ils seront donc, d'une manière générale, tracés perpendiculairement aux horizontales.

La position du drain collecteur est naturellement déterminée par les considérations précédemment exposées ; on la figure sur le plan par deux ou trois traits, suivant son importance, ou plus simplement en grossissant le trait proportionnellement au volume du drain.

L'orifice de décharge est indiqué sur le plan par le signe.

La fig. 10 complète les détails que nous venons de donner; elle est le plan d'un drainage à quatre pentes ou 4 systèmes, opéré dans un champ d'environ dix hectares. Le produit des drains, au lieu d'être évacué au bas de chaque système, a pu, grâce à la disposition du terrain, être conduit en A où il est utilisé pour l'arrosement d'une prairie.

15. PIQUETAGE.

Le plan en main et à l'aide des points de repère que présentent les contours de la propriété ou tout autre point remarquable, il est facile de trouver l'emplacement des drains. On détermine d'abord l'axe du collecteur, en plaçant des jalons à chaque extrémité et au point où il présente des angles. On indique ensuite à l'aide des mêmes moyens la position de l'axe des drains ordinaires sur le collecteur et à leurs extrémités supérieures. On fixe des jalons, non-seulement à ces points, mais encore à quelques points intermédiaires. On enfonce ensuite à 0ᵐ 50 en dehors de ces lignes-milieu, et tous les 30 ou 40 mètres, des piquets auxquels on donne une saillie de 10 ou 20 centimètres; on a soin de les mettre du côté opposé à celui où la terre provenant de l'ouverture du drain doit être jetée.

Ces piquets indiquent ainsi une hauteur de 10 ou 20 centimètres en plus de celle qu'on doit donner au drain, et ils serviront plus tard à la régler. Ce travail fait, on détermine la largeur qu'on a adoptée pour le drain à creuser, en traçant à l'aide du cordeau, à droite et à gauche de la ligne-milieu qu'on a piquetée.

16. OUVERTURE DES DRAINS.

On doit toujours commencer l'ouverture des drains par la partie inférieure, afin que les eaux de source ou celles des pluies puissent s'écouler constamment.

Quand la terre ne présente pas de difficultés particulières, l'ouverture des drains est faite à

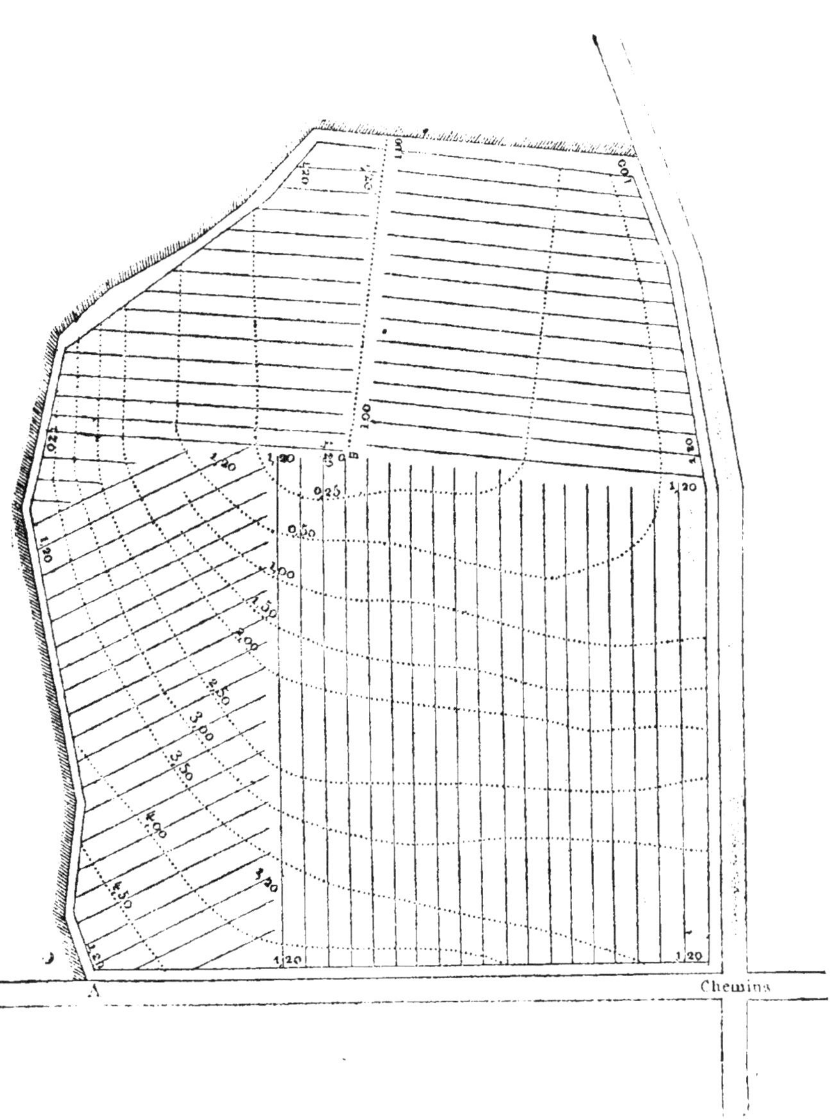

Fig. 10.

l'aide d'instruments particuliers à cette opération (fig. 11).

La bêche n° 1 sert à faire la première levée de terre jusqu'à 30 et 40 centimètres de profondeur. Les n°s 2, 3 et 4, en commençant par la

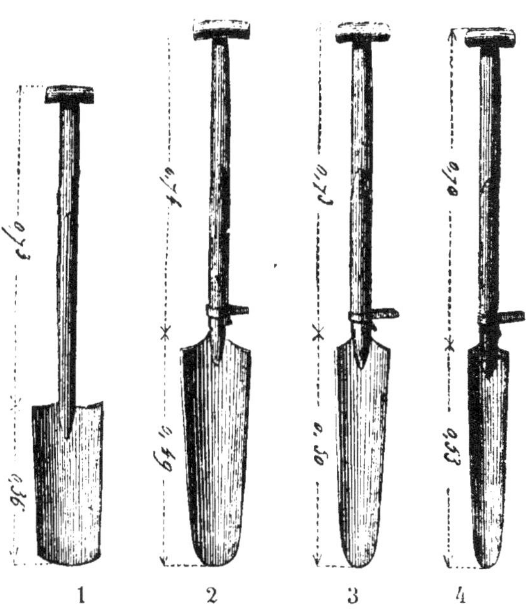

Fig. 11. Bêches.

plus large et finissant par la plus étroite, creusent des profondeurs pareilles. L'ouvrier régularise chaque fois les faces latérales, suivant le galbe adopté. Après chaque levée de bêche, la

terre tombée est enlevée, d'abord avec la pelle
nº 1 (fig. 12), ensuite avec la drague plate nº 2

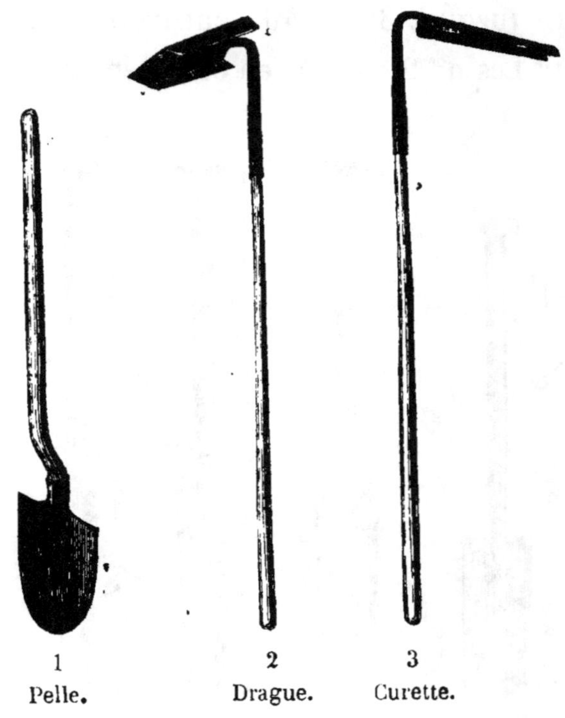

1
Pelle.

2
Drague.

3
Curette.

Fig. 12.

et enfin avec la curette nº 3. L'ouvrier manœuvre
ces deux derniers instruments du bord de la tranchée et en tirant à lui.

17. VÉRIFICATION DES PROFILS ET DES PENTES.

Un gabarit conformé suivant la dimension adoptée pour le drain, sert à vérifier sa confection. On tient à la régularité de ce travail, afin d'éviter les fausses directions et d'habituer les ouvriers à ne pas faire de déblais inutiles. Quand on rencontre de grosses pierres ou des roches, on ne s'occupe plus de la forme du drain; il vaut mieux, dans ce cas, prendre plus de largeur pour que l'ouvrier contourne ou brise l'obstacle à son aise.

Un point très-important, c'est la vérification de la pente; elle s'effectue à l'aide des piquets faisant saillie de 10 ou 20 centimètres, qui ont été placés en dehors du drain, à des distances de 30 à 40 mètres les uns des autres. La fig. 13 représente en A un de ces piquets.

On enfonce horizontalement et à 0^m 40, par exemple, au-dessous de la tête de chacun de ces piquets, un second piquet B. Si la distance de l'un à l'autre est trop grande, on en place un intermédiaire. On fixe ces derniers dans leur position en bornoyant les têtes des deux premiers ou à l'aide de trois nivelettes. On tend fortement un cordeau sur ces piquets et on promène le long du cordeau une baguette d'une longueur égale à la distance qui doit exister entre ce piquet et le fond de la tranchée. On reconnaît ainsi les

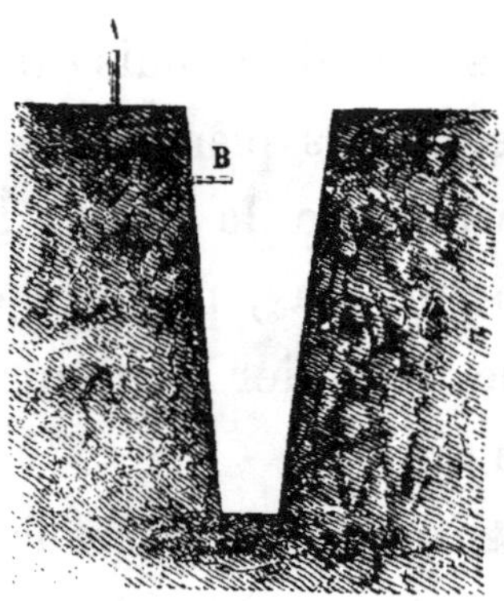

Fig. 13.

parties qui doivent être approfondies et, au besoin, celles qui doivent être remblayées.

a. Pose des tuyaux.

Quand le fond de la tranchée est bien réglé, on s'occupe de la pose des tuyaux préalablement disposés, de distance en distance, sur le versant du déblai.

La pose des gros tuyaux se fait ordinairement à la main, parce que la tranchée est assez large au fond pour que l'ouvrier puisse y descendre. Celle des autres tuyaux s'effectue à l'aide d'un instrument qu'on nomme *pose-drain* (fig. 14.) Le poseur placé sur le bord de la tranchée ou un pied sur chacun des deux bords, descend le tuyau au fond au moyen de cet instrument. Il lui imprime, par de petites secousses, un mouvement de rotation pour trouver le sens le plus convenable, et il frappe un petit coup pour serrer le tuyau contre le précédent. Au moyen d'un compas de bois, il met à leur point de jonction de petites pierres plates ou des tessons de

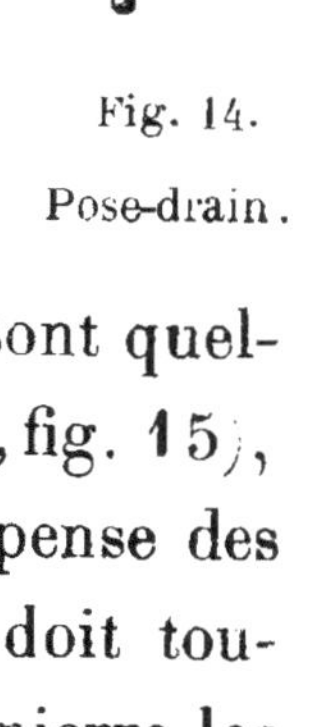

Fig. 14.

Pose-drain.

tuile ou de tuyaux brisés. Les tuyaux sont quelquefois emboités dans un manchon (A, fig. 15), ce qui les rend plus solides et dispense des précautions ci-dessus indiquées. On doit toujours boucher avec un tesson ou une pierre les premiers tuyaux placés en tête, afin d'empêcher que la terre ne s'y introduise.

b. Raccordement des lignes de drains.

Le raccordement de deux lignes de drains se fait facilement lorsqu'on a à sa disposition des tuyaux collecteurs percés à leur sommet d'une

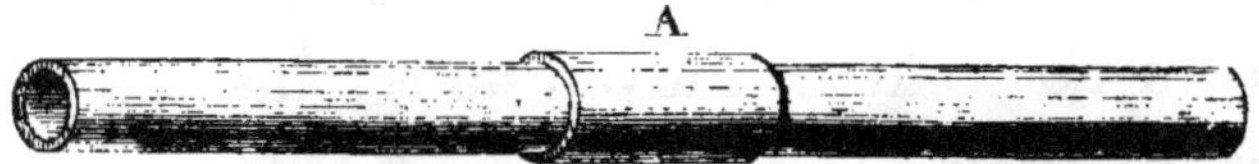

Fig. 15. Manchon.

ouverture circulaire dans laquelle on engage le petit tuyau. Certaines fabriques en fournissent de ce genre.

Quand cette ressource manque, on est obligé de pratiquer cette ouverture à l'aide d'un marteau avec lequel on frappe à petits coups. La fig. 16 représente un marteau spécial à cet usage.

On remplit le plus tôt possible le drain avec une première couche de 25 centimètres environ de la terre la plus grasse que présente le déblai, et on la piétine fortement; on met ainsi de suite les

tuyaux à l'abri des dérangements ; on ajoute
plus tard des couches de terre successives de
même épaisseur qu'on tasse de la même manière.

18. REGARDS.

A la rencontre des drains collecteurs on établit un regard destiné à surveiller leur fonctionnement. Ce regard, dans une position impor-

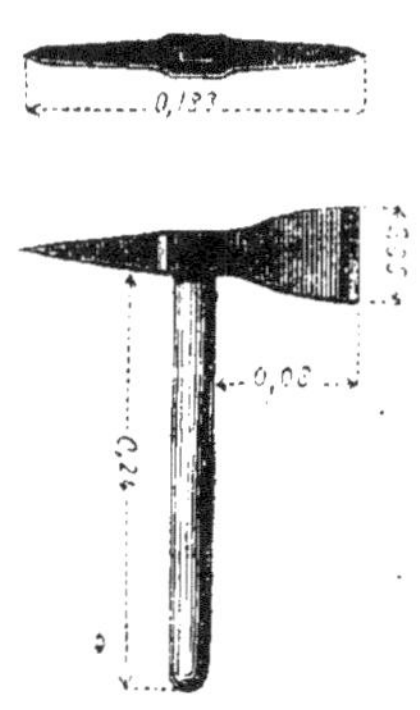

Fig. 16. Marteau.

tante, consiste en une maçonnerie de 60 centimètres environ dans laquelle viennent déboucher les tuyaux collecteurs. On les établit à
quelques centimètres au-dessus du tuyau qui
doit évacuer leur produit. On se rend ainsi

compte du fonctionnement d'un drain par le bruit que fait l'eau en tombant.

Pour les points moins importants, on fait des regards avec des tuyaux de gros diamètre emmanchés les uns sur les autres et posant au bas sur une pierre plate. Les tuyaux collecteurs y sont introduits de la même manière et fonctionnent de même La fig. 17 représente un regard de ce genre.

19. ORIFICE DE DÉCHARGE.

L'orifice de décharge est le point où le collecteur déverse le produit des eaux du drainage. Il doit être déterminé par une petite maçonnerie d'un diamètre plus grand, dans laquelle on engage une grille en fonte qui empêche l'introduction des rats ; il est important de déterminer nettement la sortie de l'eau en lui donnant, à l'orifice de décharge, une chute de quelques centimètres.

20. DÉFONCEMENT.

Par le défoncement, on augmente la couche arable, on permet aussi aux plantes de prendre un plus grand développement, en même temps qu'on les soustrait aux inconvénients d'une humidité excessive et d'une extrême sécheresse.

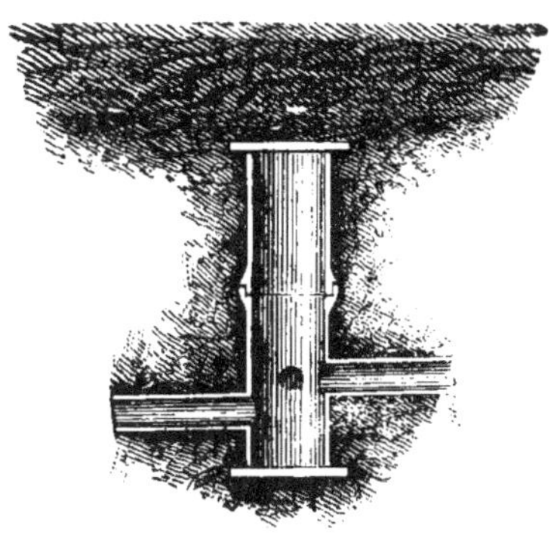

Fig. 17. Regard.

Le défoncement s'opère de deux manières : à l'aide de la bêche ou de la charrue.

La bêche ne convient qu'à la petite culture, là où les bras constituent presque le seul capital du cultivateur. Dans la grande culture on ne peut y recourir que dans des cas exceptionnels et lorsqu'on a autour de soi une main-d'œuvre en quelque sorte surabondante ; aussi, la plupart du temps, remplace-t-on l'action de la bêche par celle de la charrue.

Le défoncement à la charrue peut s'effectuer de plusieurs manières : 1° avec une forte charrue dite charrue de défoncement ; mais ce procédé exige beaucoup de force, et surtout il réclame une quantité d'engrais en rapport avec la masse de terre qu'on ramène du sous-sol à la surface ; 2° en faisant suivre deux charrues l'une après l'autre dans la même raie ; ce mode occasionne moins de dépenses en attelages, mais il demande encore beaucoup d'engrais pour rendre apte à la production la couche de terre extraite du fond par la seconde charrue. Le plus ordinairement, lorsqu'on n'est pas riche en engrais et qu'on n'a que les attelages indispensables pour une culture courante, on a avantage à approfondir par degrés la couche arable au moyen d'une fouilleuse, espèce de charrue sans versoir ; la terre ainsi remuée dans le fond de la raie, sans être ramenée tout d'abord à la surface, s'imprègne insensiblement

des matières fertilisantes que lui apportent l'air et
les engrais; cette première amélioration obtenue,
on n'a plus qu'à donner des labours plus profonds avec la charrue, et l'on se trouve ainsi avoir
approfondi la couche arable sans grandes dépenses et sans avoir diminué le rendement des
récoltes, inconvénient presque inévitable quand
on amène tout d'un coup à la surface une partie
du sous-sol qui, jusque-là, avait échappé à
l'action de l'air et des engrais.

Les céréales réussissent moins bien que les
récoltes racines sur les terres nouvellement dé-
foncées; les pommes de terre s'en arrangent
mieux que toute autre plante; mais après un
certain temps, lorsque le sol défoncé a reçu l'influence de l'air, des engrais et des cultures,
toutes les récoltes y prospèrent.

AMENDEMENT DU SOL.

1. Marnage. — 2. Chaulage. — 3. Transport de terre. — 4. Colmatage.

Ce n'est que par exception qu'on rencontre un sol réunissant les conditions les plus parfaites de culture, c'est-à-dire ni trop fort, ni trop léger, où les plantes ne souffrent pas des alternatives de sécheresse et d'humidité, et où elles puisent tous les éléments de nutrition propres à assurer leur réussite. Dans l'ordre ordinaire des choses, les sols les meilleurs laissent toujours quelque chose à désirer. Tout ce qui tend à corriger les défauts naturels du sol, tout ce qui contribue à rétablir l'équilibre entre les divers mélanges de terres qui le composent, de manière à augmenter la consistance et la fraîcheur des terres légères, à diminuer la ténacité et l'humidité des terres fortes, peut être considéré comme un amendement : son but est de modifier les propriétés physiques du sol dans l'intérêt de la culture.

Les principaux moyens d'amender le sol consistent dans le marnage, le chaulage, les transports de terre, le colmatage et l'irrigation.

1. MARNAGE.

Le marnage est une opération par laquelle on se propose de modifier la constitution du sol en y introduisant ou en augmentant l'élément calcaire. Tout terrain qui ne renferme pas de calcaire est amélioré par cela seul qu'il en reçoit, et se prête alors à une culture plus variée; les fourrages y réussissent mieux, les grains y sont plus abondants et plus lourds.

Pour appliquer le marnage avec fruit, il faut s'assurer préalablement que le terrain ne contient pas déjà du carbonate de chaux en proportion suffisante ; il faut, en outre, connaître

la qualité de la marne qui doit être appropriée
à la nature du terrain.

La marne est un composé naturel de carbonate de chaux, d'argile et de sable unis entre
eux d'une manière intime et non susceptible
d'être reproduit par le mélange artificiel de ces
différentes espèces de terres.

C'est au carbonate de chaux que sont dus
principalement les effets de la marne dans l'a-
mendement des terres ; indépendamment de son
action mécanique, qui a pour effet de diviser les
sols compactes quand il est à l'état sableux, et
de donner de la consistance aux terres légères
lorsqu'il est réduit en poudre, le carbonate de
chaux agit chimiquement sur les engrais et l'humus contenus dans le sol, il les élabore et les
dispose à être assimilés par les plantes.

L'aspect de la marne est très-variable. Elle se
présente tantôt sous la forme d'une masse compacte, tantôt sous celle d'une masse feuilletée.
On trouve des marnes à grains fins, d'autres
ressemblent à une pâte grossière ; il en est de
tendres et friables, d'autres offrent la consistance de pierres ; on en voit tantôt d'une cou-

leur uniforme, tantôt d'une couleur variée ; enfin, on rencontre des marnes blanches, grises, vertes, bleues, noirâtres, etc.; peu importe leur couleur, pourvu qu'elles présentent les caractères de la marne et qu'elles possèdent les qualités qu'on leur demande.

Toute marne se reconnaît à ce double caractère : 1° de se déliter à l'air ou dans l'eau; dans le premier cas, elle tombe en poussière ; dans le second cas, elle se réduit en bouillie ; 2° de faire effervescence, c'est-à-dire de bouillonner quand on verse dessus de l'acide chlorhydrique, nitrique ou sulfurique ; cette dernière substance, mise en contact avec la marne, dissout le carbonate de chaux et laisse intacts le sable et l'argile ; à l'aide de lavages répétés, on s'assure de la proportion de ces deux espèces de terres.

La première chose à faire, quand on veut rechercher si une terre est réellement de la marne, est d'en faire sécher un morceau à la température de l'eau bouillante jusqu'à ce qu'il ne perde plus de poids[1]. Ce point de dessiccation

1. Guéranger.

obtenu, on en pèse 10 grammes, ce qui fait 100 décigrammes.

On place cette marne avec trois ou quatre cuillerées d'eau dans un verre à boire ordinaire. Quelques espèces de marne absorbent rapidement l'eau et tombent en bouillie au fond du vase, d'autres ne produisent cet effet que lentement et successivement, jusqu'à ce qu'elle se réduisent en poudre fine; telles sont notamment les marnes ayant la consistance de pierres. On verse alors dessus un filet d'acide chlorhydrique. Il se produit aussitôt un bouillonnement considérable; cette effervescence apaisée, on agite doucement le mélange avec une petite baguette en bois, et si le bouillonnement se renouvelle, on attend un moment avant de verser un nouveau filet d'acide; cet acide fait recommencer l'effervescence; quand elle est calmée, on agite encore avec la petite baguette. On continue ainsi les effusions d'acide et les agitations jusqu'à ce que la dernière addition ne produise plus aucun effet

L'opération arrivée à ce point, on remplit le verre avec de l'eau, on agite doucement et dans tous les sens avec la petite baguette, puis on laisse reposer. Le sable et l'argile tombent au fond du verre, tandis que le carbonate de chaux qui était dans la marne reste dissous dans l'eau. Lorsque cette solution est devenue *parfaitement limpide*, on la décante avec précaution pour ne laisser échapper aucune partie du dépôt. La liqueur ainsi décantée, est remplacée par de nouvelle eau ; on agite alors légèrement, on laisse déposer, et *quand la limpidité est complétement rétablie*, on décante de nouveau. Ce lavage se répète encore une ou deux fois.

Après la dernière décantation, le dépôt est recueilli avec le plus grand soin sur une soucoupe en porcelaine et désséché sur des cendres chaudes jusqu'à ce qu'il soit à l'état pulvérulent. On achève ensuite cette dessiccation au bain-marie bouillant et on en prend le poids. Si ce poids représente 30 décigrammes, on en conclut qu'il y avait dans la marne 70 décigrammes de carbonate de chaux, puisqu'il y a eu en expérience 100 décigrammes.

La partie laissée intacte par l'acide est ou du sable ou de l'argile, ou quelquefois un mélange de l'un et de l'autre. Dans ce dernier cas, on sépare le sable de l'argile en délayant ce résidu dans l'eau, en agitant ce mélange et décantant le liquide pendant qu'il est encore trouble : le sable se précipite au fond du vase, tandis que l'argile, restant en suspension dans le liquide, ne se dépose qu'après la décantation. On peut donc, par ce moyen, les recueillir séparément l'un et l'autre et les dessécher pour en prendre les proportions. Cette dernière opération est presque aussi utile que la première quand la quantité de carbonate de chaux est faible, parce que tel terrain recevra avec avantage une marne où l'argile domine, tandis que tel autre sera mieux amendé par celle qui renferme un excès de sable.

Toute substance susceptible de se dilater à l'air ou dans l'eau et de faire effervescence avec un acide doit donc être considérée comme de la marne.

Les proportions suivant lesquelles l'argile, le sable et le carbonate de chaux sont réunis varient beaucoup. Ces diverses proportions constituent les différentes qualités de marnes.

Quelquefois l'argile et le carbonate de chaux se trouvent en proportions égales dans la marne, d'autres fois l'un ou l'autre prédomine. Quand l'argile l'emporte au point de surpasser des deux tiers la quantité de carbonate de chaux, cette combinaison prend le nom de *marne argileuse*. Au contraire, si c'est le carbonate de chaux qui domine dans la marne, on l'appelle *marne calcaire ;* lorsqu'elle contient moins de 20 pour 100 de carbonate de chaux, on ne la considère plus que comme une *argile marneuse*. Cette distinction dans la composition de la marne est de la plus grande importance pour l'amendement d'un terrain. S'agit-il, en effet, de corriger les défauts d'un sol argileux, de le rendre plus perméable et moins humide, l'emploi de la marne calcaire sera nécessaire pour diviser, ameublir, réchauffer et assainir ce sol tenace et froid ; au contraire, si l'on veut amender une terre légère, diminuer sa trop grande porosité et tempérer sa chaleur en lui donnant plus de consistance et de fraîcheur, il faudra recourir à la marne argileuse. La connaissance exacte de la nature du terrain sur lequel on veut agir est ici de la plus haute importance. Il faut s'assurer, par les moyens indiqués ci-dessus pour reconnaître la marne, si le terrain contient déjà du carbonate de chaux et en quelles proportions. Dans la plupart des cas, dit M. de Dombasle, il suffit de délayer un peu de la terre du champ dans une petite quantité d'eau et dans un verre ; on y versera de l'eau-forte, et s'il ne se produit pas d'effervescence, on peut être sûr qu'elle ne contient pas de carbonate de chaux ou, du moins, qu'il n'en existe qu'en très-petite quantité : on peut alors marner avec grande probabilité d'un bon résultat ; sans cet examen préalable, on s'exposerait à augmenter les défauts du sol, au lieu d'y porter remède par le marnage.

La marne judicieusement appliquée produit des effets surprenants sur le sol.

Il est impossible de déterminer d'une manière absolue, pour tous les sols, la quantité de marne qu'il convient d'employer sur une certaine étendue de terrain ; la dose la plus profitable varie suivant la nature du sol et son état de fertilité, et d'après la qualité de la marne ainsi que d'après la durée pendant laquelle on veut que cet amendement opère. Cependant on s'accorde généralement à regarder la proportion de 3 à 5 pour 100 de carbonate de chaux dans le sol comme la dose la plus utile, si l'on a surtout en vue l'action mécanique de la marne sur le terrain.

Le temps le plus favorable pour appliquer la marne serait certainement la saison de l'été, alors que le terrain est sec et que les charrois peuvent s'effectuer sans dégrader le sol; mais il est rare que les travaux pressants de cette époque permettent de mener encore de front l'opération du marnage; aussi, dans les habitudes ordinaires de la culture, réserve-t-on le plus souvent la fin de l'automne et profite-t-on des gelées de l'hiver pour conduire la marne sur les champs. C'est ordinairement sur une jachère qu'on l'applique. On la dépose sur le sol par petits tas de même volume et à égale distance les uns des autres.

La marne, exposée à l'air, ne tarde pas à se déliter et à tomber en poudre sous l'influence des agents atmosphériques; sa pulvérisation est un point essentiel à obtenir pour qu'elle produise tous ces effets. Tant qu'elle reste agglomérée en morceaux, il faut différer de l'enfouir, car elle resterait longtemps dans le sol à l'état de rognons et agirait peu sous cette forme; au printemps donc, si l'hiver ne l'a pas complétement pulvérisée, on a recours au rouleau pour compléter l'action des gelées et l'amener à une division parfaite. Cet état obtenu, on étend les tas de marne à la surface du sol, au moyen d'une pelle, et on se sert d'une herse pour en répartir également le contenu sur tout le champ. Cela fait, on donne un labour léger pour incorporer la marne avec le sol; l'extirpateur et le scarificateur peuvent être employés avec avantage pour opérer économiquement ce mélange.

De ce que la marne agit chimiquement sur l'humus et les engrais en les mettant dans les conditions les plus favorables pour servir d'aliment aux plantes, il suit que les principes fertilisants contenus dans un sol marné sont absorbés plus vite et en plus grande quantité par les végétaux. Le marnage procure un accroissement de produits au profit du cultivateur. Si l'on emploie la marne à la production des fourrages, ceux-ci apporteront avec eux le fumier dont le sol marné a besoin, la marne alors sera une source de fertilité. Si cette augmentation de récoltes s'appliquait exclusivement aux céréales, elle aurait pour résultat d'appauvrir d'autant le terrain ; elle aurait infailliblement pour conséquence de l'épuiser entièrement si on ne lui rendait, par des fumures, la fertilité que la végétation lui a enlevée. Il faut donc, en même temps qu'on marne le sol, lui donner les engrais dont il a besoin ; la marne, loin de dispenser de cette obligation, la rend plus impérieuse s'il s'agit de la culture de plantes épuisantes : en la négligeant, on s'exposerait à avoir de belles récoltes pendant les deux ou trois premières années après le marnage, mais ensuite le terrain deviendrait de plus en plus stérile.

La marne, judicieusement appliquée, produit des effets surprenants sur le sol ; elle le transforme complétement. C'est ainsi qu'on voit souvent des terres à seigle changées, grâce au marnage, en terres à froment. Les terres argileuses marnées, devenues ainsi plus perméables, moins humides et moins froides, donnent des récoltes plus abondantes, plus assurées et de meilleure qualité. Par le marnage, la paille des céréales est plus forte, partant, moins sujette à verser ; le grain est mieux nourri et donne une plus forte proportion de farine. Les défrichements de bruyères, les desséchements de marais, éprouvent les meilleurs effets de l'application du marnage ; le carbonate de chaux hâte la décomposition des matières ligneuses et des racines contenues dans cette nature de sols ; il les désacidifie, leur donne plus de consistance, leur communique l'équilibre mécanique qui leur manquait, et met à la disposition des plantes une alimentation abondante et parfaitement élaborée.

L'énumération de ces avantages suffit pour mettre en évidence l'importance du marnage ; mais pour jouir réellement de ses bienfaits, il faut : 1° connaître la nature du sol sur lequel on veut opérer ; 2° s'assurer de la qualité de marne applicable au terrain et la lui donner en juste proportion ; 3° l'appliquer en temps opportun et l'incorporer avec soin dans le sol ; 4° enfin, il faut fumer concurremment avec le marnage, et cela d'autant plus rigoureusement que le sol était plus pauvre au moment de l'opération. Ces conditions observées, les résultats du marnage ne se feront pas attendre; au bout de peu d'années, le sol se trouvera renouvelé, et on n'aura plus qu'à entretenir sa fertilité au moyen d'engrais, de bonnes cultures et d'un choix de récoltes appropriées.

2. CHAULAGE.

Le chaulage est une opération analogue au marnage; on s'y propose les mêmes effets, savoir : de diminuer la ténacité des sols argileux, de rendre les terres légères plus consistantes et d'élaborer les engrais, de manière qu'ils puissent servir de nourriture aux plantes. Le chaulage a donc, ainsi que le marnage, une action mécanique et chimique; il n'en diffère que par une plus grande intensité d'effet.

On donne le nom de chaux aux pierres calcaires qu'un certain degré de chaleur a privées de l'acide carbonique qu'elles contenaient.

Parmi les différentes espèces de chaux dont on peut faire usage en agriculture, on distingue principalement la chaux grasse et la chaux maigre : la première forme, avec l'eau, une pâte liante ; à mesure égale, elle contient plus de calcaire : c'est donc la meilleure ; la seconde, presque toujours mélangée de sable, contient beaucoup d'argile et moins de calcaire ; elle forme une pâte grenue peu ductile.

Les différentes pierres à chaux présentant souvent un mélange de sable et d'argile qui diminue d'autant l'efficacité du chaulage, il importe, avant d'en faire usage, de s'assurer de la quantité de chaux pure contenue dans celle qu'on a à sa disposition, afin de ne pas augmenter les frais d'une opération que rendent toujours coûteuse le combustible et les transports.

Pour connaître la quantité de chaux pure que renferme une pierre calcaire, on verse de l'acide chlorhydrique très-etendu d'eau dans un verre, et l'on y plonge la pierre calcaire en expérimentation ; l'acide dissout la chaux et laisse intactes les matières étrangères ; il suffit alors de laver et de dessécher ces matières, ainsi qu'on le fait en analysant de la marne : leur poids, comparé au poids primitif de la pierre calcaire, indiquera le degré d'impureté de la chaux et déterminera la proportion suivant laquelle on devra employer cette dernière substance.

La chaux sert elle-même à l'alimentation des plantes, mais son principal rôle est d'attaquer avec une grande énergie l'humus et les engrais contenus dans le sol. Il est donc indispensable de rendre à la terre, par les fumures, les matières organiques que la chaux fait rapidement passer dans les récoltes, sous peine de voir bientôt le sol complétement épuisé et frappé de stérilité. La chaux, ainsi que la marne, ne peut être considérée comme un engrais propre à rétablir les forces d'un terrain; c'est un moyen d'amender le sol et de mettre en activité ses richesses inertes; mais il exige impérieusement le concours du fumier, lorsque le terrain ne possède pas une surabondance de principes fertilisants.

Indépendamment de ces conditions de richesses, il faut encore, pour que le chaulage produise de bons effets, que le sol ait été préalablement assaini. La chaux contribue, il est vrai, à en faire disparaître l'humidité surabondante; mais tant que celle-ci persiste, les résultats du chaulage sont à peine sensibles; la chaux ne dispense pas des opérations du desséchement, elle complète l'assainissement du sol, elle ne le fait pas.

La chaux s'emploie, en agriculture, sous deux états, vive ou éteinte. La chaux vive ou caustique a la propriété de décomposer rapidement toutes les matières organiques avec lesquelles elle est en contact. On ne peut donc l'employer en cet état sur les récoltes en végétation, sous peine de les détruire, ou tout au moins de leur causer un dommage notable; en revanche, on applique avec avantage la chaux caustique aux sols acides ou qui contiennent une grande abondance de matières végétales, tels que les marais ou les tourbières récemment desséchés.

La chaux éteinte exige moins de précautions que la chaux vive, aussi son usage est-il plus fréquent en agriculture. On calcine les pierres à chaux dans des fours construits exprès et chauffés avec de la houille, de la tourbe, du bois ou des fagotées d'ajoncs, suivant l'économie que présentent localement ces divers combustibles. En général, on dépose la chaux vive par petits tas de même volume et à égale distance sur le sol; on garnit chaque tas d'une couche de terre et on les laisse en cet état jusqu'à ce que la chaux soit complétement éteinte. Cette opération doit être faite par un beau temps, afin que la pluie ne réduise pas la chaux en bouillie, ce qui empêcherait de la répartir également. Exposée à l'action de l'air, la chaux se gonfle, se crevasse en tous sens et se réduit en poudre; on se hâte alors de l'épandre avec une pelle et on l'incorpore au sol à l'aide d'un labour superficiel, ou mieux en se servant de l'extirpateur ou du scarificateur : ses bons effets dépendent de son mélange parfait avec la couche arable, condition qui ne peut être remplie qu'autant que la chaux est enfouie sèche et sous une forme pulvérulente. Si l'on avait de l'eau à sa disposition, on pourrait éteindre la chaux en l'y plongeant à l'aide de mannes ou de paniers d'osier : il suffit de quelques secondes d'immersion; la chaux s'éteint rapidement par ce moyen ; il permet de l'épandre aussitôt sur le sol, mais il occasionne plus de main-d'œuvre.

La quantité de chaux à employer par hectare varie selon la qualité de la pierre à chaux et la nature du sol. On peut en mettre une pleine dose, par exemple, de 150 à 200 hectolitres sur des terres argileuses, des tourbières ou des marais desséchés ; dans les sols légers, il faut prendre garde d'en mettre une trop grande quantité ; il vaut mieux ménager la dose et y revenir de temps en temps : 60 ou 70 hectolitres de chaux par hectare constituent un bon chaulage lorsqu'on doit y revenir tous les cinq ou six ans et qu'on peut fumer deux fois le terrain pendant cet intervalle de temps.

Le chaulage, bien appliqué, a pour résultat de porter à son plus haut degré de perfection le sol qui n'a pas assez de calcaire dans sa composition ; il communique, en outre, aux récoltes tous les avantages qui résultent de la présence du calcaire dans le sol ; il contribue puissamment aussi à la destruction des mauvaises herbes.

3. TRANSPORT DE TERRE.

Les transports de terre ont été souvent recommandés comme un excellent moyen d'augmenter la profondeur de la couche arable et de corriger ses défauts ; c'est ainsi qu'on a conseillé d'amender les terrains argileux avec du

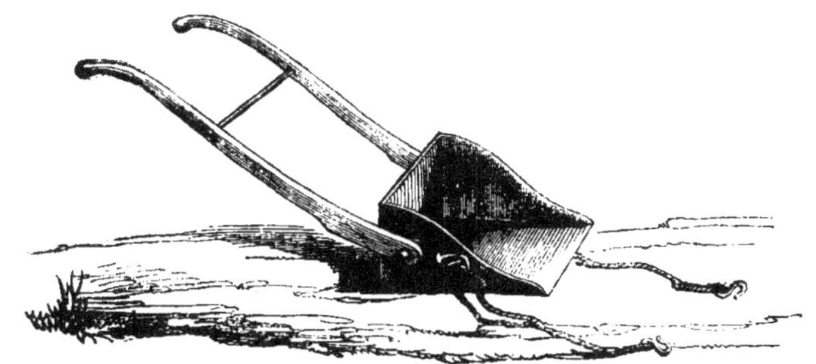

Fig. 18. Galère ou Ravale.

sable et de porter de l'argile sur les terres légères. On se sert avec avantage, pour ces opérations, de l'instrument connu sous les noms de *galère* ou *ravale* (fig. 18). Malheureusement, ces procédés sont rarement praticables : d'une part, à cause de la dépense excessive qu'entraîne le transport de grandes masses terreuses, de l'autre, à cause de la difficulté d'opérer le mélange parfait du sable avec l'argile, et *vice versâ*. Dans la plupart des cas, les bienfaits de l'opération seraient détruits par les sacrifices au prix desquels on les aurait achetés. Un moyen plus économique s'offre au cultivateur pour amender le sol qui a besoin d'être exhaussé ou rechargé, c'est le limonage ou colmatage.

4. COLMATAGE.

Le colmatage **a pour** but d'amener des eaux chargées de limon sur le sol qu'on veut *atterrir;* on les y laisse séjourner jusqu'à ce qu'elles aient déposé leur sédiment; on évacue alors l'eau claire et on la remplace par de nouvelles prises d'eau trouble. Cette opération ne peut naturellement s'effectuer qu'autant qu'on dispose d'un cours d'eau limoneux. Trois conditions principales sont à observer avant de recourir au colmatage; il faut s'assurer : 1° de la nature du limon charrié par le cours d'eau; 2° de la quantité de matières terreuses qu'il peut fournir, chaque année, aux différentes crues, afin que l'opération s'accomplisse dans un temps raisonnable ; 3° il faut que, par son niveau, l'eau arrive sur le sol qu'il s'agit d'atterrir et qu'on puisse l'y maintenir à une hauteur suffisante : des eaux trop claires, trop peu chargées de matières terreuses, ou n'arrivant que par des crues exceptionnelles, ne permettraient pas d'entreprendre utilement le colmatage.

Lorsque les conditions requises pour limoner sont trouvées, on procède de la manière suivante : on entoure le terrain de digues au fur et à mesure que le limon a exhaussé le sol. Si le terrain est en pente ou très-étendu, on établit des digues transversales qui le divisent en autant d'enclos communiquant entre eux : le dépôt se fait ainsi plus régulièrement et plus vite que si l'on agissait sur un fonds très-inégal ou sur une grande surface battue par les vents. A la partie la plus basse du terrain à colmater, on ménage, dans la digue, une ou plusieurs ouvertures communiquant avec le canal chargé d'évacuer les eaux claires. On les tient fermées par des poutrelles placées horizontalement l'une sur l'autre, tant que les eaux limoneuses séjournent dans l'enclos; lorsque le dépôt est effectué, on enlève successivement chaque poutrelle; l'eau s'écoule ainsi par la surface, sans déranger le sédiment.

Pour que le colmatage s'effectue convenablement, il est de toute nécessité qu'on soit le maître d'introduire l'eau et de la faire écouler à volonté; le canal qui communique au cours d'eau doit être muni, à son entrée, d'une écluse à l'aide de laquelle on prend l'eau; les poutrelles dont il vient d'être parlé tiennent lieu de l'écluse de décharge; dès que l'eau claire est évacuée, on ouvre l'écluse d'entrée, on reçoit de nouvelles eaux troubles dont le sédiment s'ajoute aux premiers dépôts, on écoule de nouveau l'eau épuisée de son limon, et l'on continue d'opérer de la même manière jusqu'à ce que le terrain soit suffisamment exhaussé pour être à l'abri des infiltrations de la rivière et puisse être livré utilement à la culture : lorsque le colmatage a été bien conduit, on se trouve avoir créé, à peu de frais, un sol nouveau qui jouit souvent d'une grande fertilité. Une grande partie de la vallée de l'Isère a été conquise, par ce moyen, sur les eaux ; nul doute qu'il n'offre des avantages analogues aux riverains des grands cours d'eau qui, à certaines époques de l'année, se chargent d'une grande quantité de matières limoneuses ; la plupart de nos fleuves et de nos rivières sont dans ce cas.

IRRIGATION.

1. Irrigation par infiltration. — 2. Irrigation par immersion et à reprise. — 3. Irrigation en épi. — 4. Irrigation par submersion. — 5. Irrigation par ados. — 6. Irrigation par norias.

L'irrigation a pour but de remédier à la sécheresse du terrain, de fournir aux plantes l'humidité dont elles ont besoin pour prospérer et de leur apporter, dans certains cas, les substances destinées à leur nutrition.

L'irrigation ne doit être entreprise qu'autant qu'on dispose d'un cours d'eau et que le sol a été préalablement nivelé de manière à former un plan incliné, partant du canal principal d'arrosage et aboutissant au canal de décharge; il faut, en outre, s'assurer de la nature du sol sur lequel on veut agir, ainsi que de la quantité et de la qualité des eaux dont on a la libre disposition.

L'examen du sol à irriguer réclame une attention particulière. Bien que l'irrigation profite à tous les terrains, elle convient d'une manière spéciale aux sols sablonneux et graveleux, surtout quand on peut la donner avec des eaux limoneuses : celles-ci, indépendamment de l'engrais dont elles enrichissent cette espèce de terrain, corrigent leur trop grande porosité avec le sédiment qu'elles déposent dans ses interstices. L'irrigation est le meilleur amendement qu'on puisse appliquer aux terres légères; on les élève, par ce moyen, au rang des sols les meilleurs lorsque l'opération est bien conduite. Les bons effets de l'irrigation se font aussi sentir sur les terrains de consistance moyenne; il n'est pas jusqu'aux sols argileux qui ne s'en trouvent bien, mais à la condition que l'eau s'infiltrera dans une couche suffisamment perméable, et que le terrain pourra se ressuyer promptement.

Toutes les eaux ne sont pas également propres à l'irrigation. Il en est qui frappent le sol de stérilité ou qui n'y font croître que de mauvaises plantes; telles sont, entre autres, les eaux qui tiennent en suspension des principes nuisibles à la végétation et les eaux crues et peu aérées. En général, toute eau qui dissout mal le savon ou qui a un goût astringent doit être tenue pour suspecte; il y aurait plus d'inconvénients que d'avantages à l'employer si on ne corrigeait ses défauts en y mêlant du carbonate de chaux ou en lui faisant traverser des dépôts de fumier. D'autres eaux, au contraire, sont éminemment propres à l'irrigation; de ce nombre sont les eaux battues et celles qui contiennent du carbonate de chaux, des sels de soude, de potasse, ou qui se sont chargées, sur leur passage, de substances animales ou végétales : ces dernières constituent un véritable engrais. L'eau est d'autant plus précieuse pour l'irrigation qu'elle contient plus de principes fertilisants; l'eau et le fumier devraient donc toujours aller de pair, mais il est bien rare que l'insuffisance des engrais ne se fasse pas sentir plus ou moins, lorsque l'eau d'irrigation ne jouit pas naturellement de propriétés fertilisantes.

La quantité d'eau qu'on pourra employer à l'irrigation n'est pas indifférente. Là où l'eau est insuffisante, l'irrigation perd la plupart de ses avantages ; mais, ne fût-il question que de savoir si les frais de construction des canaux seront ou ne seront pas couverts par les produits de la surface arrosée, le calcul de la quantité d'eau dont on dispose devient indispensable pour ne pas s'exposer à des dépenses stériles.

Le volume du cours d'eau, sa rapidité, la faculté absorbante du sol et la nature du climat sont les principaux éléments qui peuvent servir à apprécier la quantité d'eau dont on veut arroser une surface déterminée. Ici, l'expérience et le coup d'œil que donne une pratique éprouvée sont les meilleurs guides à suivre ; la prudence veut donc qu'on recoure, pour ces sortes d'évaluations, à des irrigateurs consommés si l'on ne possède pas soi-même les connaissances spéciales suffisantes. On sait, du reste, que, sous un climat chaud, 1 hectare exige environ 1 décimètre de hauteur d'eau sur toute sa surface ou 1000 mètres pour chaque arrosage ; selon que le sol est plus poreux ou le climat plus sec, on revient plus souvent à l'irrigation; le laps de temps qui sépare chaque arrosage varie, en outre, suivant que les circonstances atmosphériques facilitent ou contrarient l'évaporation.

Les principes ci-dessus, relatifs au sol et à l'eau, observés, il s'agit de choisir le système d'irrigation qui convient le mieux.

Toute la théorie de l'irrigation consiste à amener l'eau par un canal sur la partie la plus élevée du sol, à la faire déverser sur le terrain à l'aide de barrages, et à l'évacuer par un canal de décharge après que le sol a été suffisamment arrosé.

L'eau étant amenée en tête d'un terrain, l'irrigation est l'art de la répandre sur la surface de la manière la plus profitable. Pour remplir cette condition, il faut :

1° Que le système adopté ne dépense que l'eau nécessaire pour arroser une surface donnée. Il est rare, en effet, que l'irrigateur ait à sa disposition de l'eau en excès dans les temps de sécheresse; dès lors, plus il la ménagera, plus les arrosements pourront être fréquents, ou plus grande sera la surface à mettre sous l'eau.

2° Il faut que l'eau soit uniformément répartie sur la surface irriguée, afin que les plantes qui la couvrent en profitent également.

3° Pour les raisons exposées à l'occasion du drainage, dès que le terrain est suffisamment baigné, l'eau ne doit pas rester stagnante. Un bon système d'irrigation doit non-seulement couvrir à volonté une surface de terre de l'eau qui la domine, mais encore enlever complétement cette eau, dès que l'irrigation est terminée. Toute négligence sous ce rapport fait naître des herbes de mauvaise qualité, comme on le voit trop souvent dans les prairies où l'eau surabonde.

Dans le nord et le centre de la France, l'irrigation n'est guère employée que pour les prairies. Dans le midi on s'en sert également, dans les jardins, pour les cultures maraîchères, les cultures de fleurs, etc., dans les champs, pour les prairies artificielles et surtout les luzernes, pour les récoltes sarclées, telle que pommes de terre, haricots, et enfin, dans certaines régions, pour les céréales, mais accidentellement.

Epoque et durée de l'arrosement. L'époque et

la durée de l'arrosement dépendent de la température, de la nature du sol et d'une infinité
de circonstances que l'irrigateur expérimenté
peut seul apprécier. On peut cependant s'aider
des données suivantes :

L'arrosement du premier printemps n'est pas
favorable tant que la terre n'est pas suffisamment réchauffée, il peut même devenir nuisible
si on a à craindre de fortes gelées. Après cette
époque, les arrosements, si on dispose d'une
quantité d'eau suffisante, peuvent être répétés
si le terrain est perméable; dans un sol argileux, au contraire, ils doivent cesser dès que
celui-ci est saturé : un arrosement prolongé
refroidirait la terre par l'évaporation continelle
de l'eau.

Les eaux limoneuses, très-fertilisantes quand
l'herbe est courte, ne doivent pas être employées
lorsqu'elle a acquis une certaine hauteur;
elles la fument il est vrai, mais aussi elles
la souillent et y déposent en se desséchant,
une poussière nuisible aux animaux.

Ces eaux sont, au contraire, très-avantageuses
pour les arrosements d'automne. Le sol est alors

sans récolte, il emmagasine ainsi des éléments de fertilité pour la récolte prochaine : l'arrosement peut à cette époque durer, sans interruption, pendant une quinzaine de jours.

L'arrosement d'hiver, très-apprécié dans certaines localités, est méconnu dans d'autres. Il donne aux prairies une teinte d'un vert foncé qui se traduit au printemps par une grande précocité. Cet effet est dû à ce que, dans les grands froids, la prairie est couverte d'un manteau de glace sous lequel l'eau circule ; la température se maintient ainsi au-dessus de zéro, tandis qu'à l'extérieur elle descend de plusieurs degrés. L'eau ne doit être enlevée que lorsque la température devient assez douce pour que la prairie s'égoutte sans danger.

On distingue quatre modes principaux d'irrigation qui peuvent suffire à tous les cas qui se présentent, ce sont :

1° L'irrigation par infiltration ;
2°   —   par immersion et à reprise ;
3°   —   par submersion ;
4°   —   par ados.

1. IRRIGATION PAR INFILTRATION.

L'irrigation par infiltration est celle qui convient aux surfaces travaillées, telles que jardins, prairies artificielles et récoltes sarclées. On voit même quelquefois, dans les pays méridionaux, les céréales arrosées de cette manière pendant la sécheresse.

La figure 19 représente une irrigation par infiltration.

L'eau arrivant en tête par une rigole d'alimentation A, est distribuée dans des rigoles secondaires BB, etc., dirigées dans le sens de la pente du terrain, quand celle-ci est faible. Ces rigoles sont tout simplement des raies ouvertes à la houe entre les lignes de culture, ou même à travers les cultures, si celles-ci ne sont pas en lignes. La distance des rigoles entre elles ne peut guère être déterminée que par l'expérience. Elle dépend de la perméabilité du sol. On peut cependant lui assigner une limite entre 1^m 20 et 3 mètres. Pour que ce système fonctionne convenablement, il faut que les rigoles soient disposées à niveau, au moins dans leur plafond, si, en raison d'une légère pente, elles ne pouvaient l'être sur leurs crêtes.

On donne de l'eau en fermant, par exemple, la rigole d'alimentation en C, on ouvre la rigole

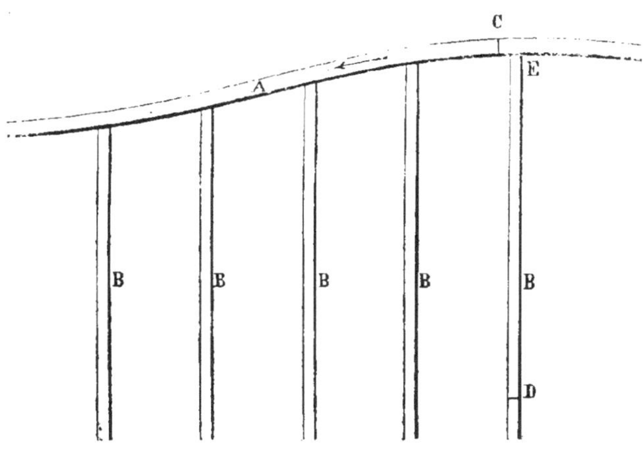

Fig. 19.

qui y correspond en E et on la ferme en D. On remplit ainsi cette rigole d'eau, jusqu'à ce que la terre en soit pénétrée à droite et à gauche. On continue la même opération sur la seconde rigole, puis sur la troisième et ainsi de suite. Suivant l'abondance de l'eau dont on dispose, on peut agir sur plusieurs rigoles à la fois.

Avec de légères pentes, on peut niveler l'eau plusieurs fois dans la longueur de la rigole. On forme ainsi une série de petits étages à niveau. Si on dispose d'une assez grande quantité d'eau, on la laisse couler d'un étage à l'autre, en enfonçant les arrêts de manière à lui permettre de les franchir.

Dans le midi de la France, on voit souvent l'eau couler sur des rigoles en pente prononcée et sans arrêt. Ce mode présente l'inconvénient de ne pas laisser à l'eau le temps de s'infiltrer, de tasser les parois de la rigole et d'entraîner leur dégradation. Quand les arrêts ne sont pas suffisants, il faut chercher le niveau des rigoles en les établissant transversalement à la pente du terrain. Dans ce cas, l'eau ne s'infiltre pas en dessus de la rigole, mais elle pénètre plus loin en dessous, ce qui fait compensation. Ces rigoles à niveau sont alimentées par des rigoles de distribution établies perpendiculairement à celle d'alimentation. On évite les causes de dégradation en brisant le cours de l'eau par des chutes.

Dans certains départements du midi de la France, on arrose les terres travaillées par un

système qui présente quelque chose d'analogue
à l'irrigation par immersion dont il va être
question.

On divise le champ en planches, à l'aide de
coussinets de terre dirigés dans le sens de la
pente. La fig. 20 indique cette disposition. A est
la rigole d'alimentation, BBB sont les coussinets.

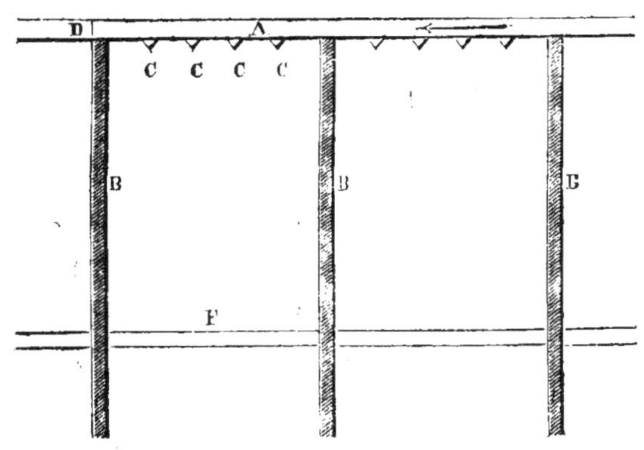

Fig. 20.

On ferme la rigole d'alimentation en D et on
introduit l'eau par les ouvertures CCC dans la
planche : elle coule entre les deux coussinets.
L'eau excédente est utilisée dans la planche
suivante par la rigole F. Avec ce système la terre
est toujours plus ou moins entraînée vers le fond,
et sa surface en se desséchant forme croûte,

ce qui n'a pas lieu par le système à infiltration.

2. IRRIGATION PAR IMMERSION ET A REPRISE.

Cette irrigation, quoique rarement employée avec les perfectionnements qu'elle comporte, est d'un usage plus commun que tous les autres modes dans les prairies; elle mérite cette préférence par la facilité avec laquelle elle s'établit. Elle se plie à toutes les configurations du sol, pourvu qu'on en ait fait disparaître les petites aspérités. Elle fonctionne bien tant que la pente de la prairie n'est pas au-dessous de 0^m 025 à 0^m 03.

Ce système se compose d'une série de rigoles dont chacune a des usages particuliers; la fig. 24 en donne l'explication.

A est la rigole d'alimentation en tête de la prairie, au long de laquelle elle est chargée d'amener l'eau.

BB sont des rigoles à niveau ou rigoles d'arrosement.

DD, au fond de la prairie, est la rigole d'écoulement ou de colature ; elle est chargée d'enlever les eaux qui ont servi à l'irrigation de la prairie. Elle prend le nom de *rigole d'écoulement*, lorsqu'elle jette les eaux dans un fossé, un ruisseau, de telle manière qu'elles ne soient plus

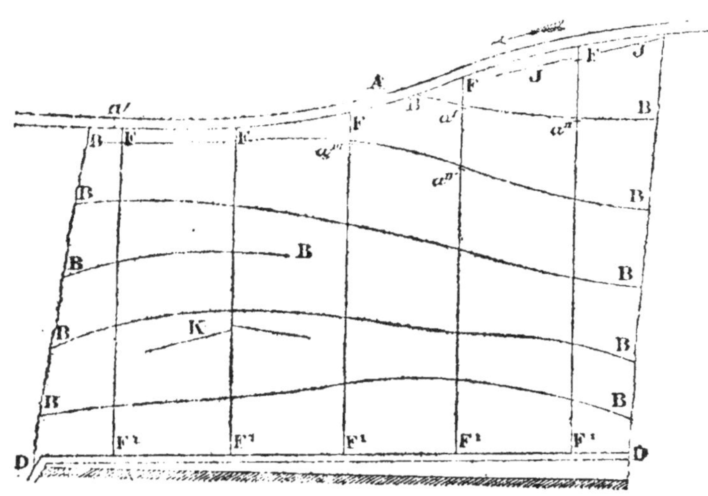

Fig. 21.

utilisées ; elle prend au contraire le nom de *colature* lorsqu'elle conduit les eaux en tête d'un nouveau système où elle remplit par conséquent le rôle de rigole d'alimentation.

F et F' sont les colateurs, rigoles correspondant en F avec la rigole d'alimentation, et en F' avec la rigole d'écoulement ou de colature. Elles fournissent pendant l'irrigation les eaux aux rigoles à niveau, et, après l'irrigation, elles les déversent dans la rigole d'écoulement.

Voici comment ce système fonctionne. Pour arroser la prairie, on ferme tous les colateurs à la crête inférieure des rigoles à niveau en a' a'' a''', etc., etc. On ferme également la rigole d'alimentation en c et on donne l'eau en ouvrant les vannes placées en tête des colateurs.

La rigole à niveau correspondant à la naissance des colateurs, se remplit d'eau. Dès que cette eau est nivelée, elle déborde uniformément et arrose la partie qui lui est inférieure. Elle se nivelle de nouveau dans la seconde rigole à niveau, arrose de même et ainsi de suite. Arrivée au fond de la prairie, elle se déverse dans la rigole d'écoulement ou de colature pour être, suivant les circonstances, abandonnée ou reprise par une rigole à niveau.

Dès que la prairie est suffisamment arrosée, on l'assèche en fermant les vannes des colateurs en tête et en les débouchant dans toute leur longueur. Les colateurs reçoivent alors toutes les eaux qui s'écoulent des rigoles à niveau et les déversent dans la rigole d'écoulement : toutes les conditions d'arrosement et d'assainissement sont ainsi remplies.

a. Détails sur les rigoles.

Rigole d'alimentation. Cette rigole étant chargée d'amener les eaux, doit nécessairement avoir une pente. Quand elle borde la prairie, on la prend telle que le terrain la donne, à moins qu'elle ne soit trop prononcée. Dans ce cas, on amortit le courant de l'eau par des arrêts successifs ; on empêche ainsi la dégradation des rives. Si, au contraire, on a intérêt à soutenir le niveau, pour mettre sous l'eau une plus grande étendue de terrain, on peut réduire la pente de $0^m\,003$ à $0^m\,0015$, soit, en moyenne, un millimètre par mètre.

Rigoles à niveau. Elles sont à niveau dans toute leur étendue et suivent conséquemment les ondulations du terrain. Le niveau est déterminé sur le bord inférieur de la rigole à $0^m\,05$ au-dessus du sol, par des piquets enfoncés en terre, jusqu'à ce qu'ils donnent cette saillie. Ce bord surélevé est formé avec les mottes que fournit le creusement de la rigole et à l'aide d'un cordeau tendu fortement d'un piquet à l'autre. Comme on doit éviter les angles que ferait inévitablement le tracé par les piquets, le cordeau se trouve souvent un peu en avant ou en arrière de la courbe qu'on donne à la rigole, mais il suffit pour guider.

Les mottes, lors de l'irrigation, sont plus ou

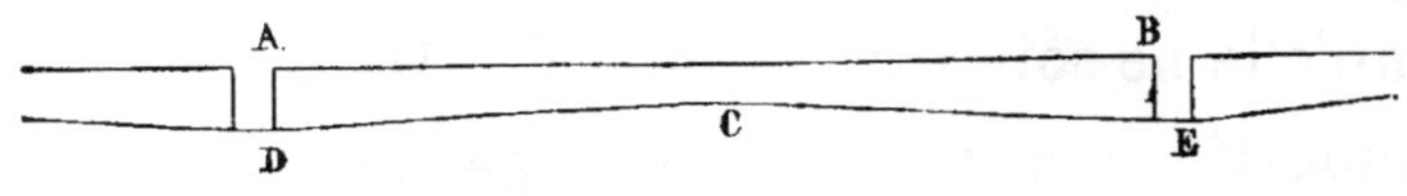

Fig. 22.

moins tassées, selon les indications de l'eau, et elles servent ainsi à en régulariser le niveau qu'il serait impossible d'obtenir complétement sans ce moyen; d'un autre côté, cette surélévation détermine nettement le déversement de l'eau.

Le plafond de la rigole à niveau ayant pour mission, après l'irrigation, de débarrasser la prairie de ses eaux, doit, au contraire de ses arêtes, présenter une pente de chaque côté.

La figure 22 indique cette disposition.

Soit AB la crête horizontale de la rigole; le plafond sera réglé de telle sorte, qu'en C sa profondeur soit de $0^m 15$ par exemple, tandis qu'à sa jonction avec les colateurs en DE, cette profondeur soit double, c'est-à-dire $0^m 30$.

La distance entre les rigoles à niveau n'est guère appréciable que par l'expérience. Dans les terrains perméables, Keelhoff assigne une limite

Fig. 23.

extrême entre 3 mètres et 13 mètres; dans les terrains consistants, Pareto détermine le maximum à 40 mètres.

Ce qui ne fait pas doute, c'est que les rigoles à niveau ont besoin d'être rapprochées :

1° Dès que par absorption du sol la partie inférieure de la planche est plus imparfaitement arrosée que la partie supérieure;

2° Dès que l'eau se divise en filets, au lieu de se répandre uniformément, défaut qui se prononce d'autant plus vite que la pente du terrain est plus grande.

On donne le plus ordinairement à la rigole à niveau la forme rectangulaire ou inclinant légèrement de la crête A au plafond B (fig. 23).

b. Colateur.

Les colateurs débarrassant après l'irrigation les rigoles à niveau de leur eau, doivent nécessairement avoir leur plus grande profondeur. Quant à la largeur, elle grandira d'amont en aval. Si elle est, par exemple, de 0^m25 en tête de la prairie, elle sera de 0^m35 à 0^m40 au fond.

Il n'est guère prudent de distancer les colateurs entre eux de plus de 50 mètres. Cette distance peut être réduite à 25 et même moins, si, comme cela arrive trop souvent dans beaucoup de positions, l'on ne dispose pas d'une suffisante quantité d'eau.

Pour que l'eau débouche librement des colateurs dans les rigoles d'écoulement ou de colature après l'irrigation, celles-ci doivent être plus profondes de quelques centimètres ; on leur donne une pente prononcée qui peut s'élever à 0^m 004 par mètre.

On voit que, dans ce système, on peut, au moyen de colateurs, transporter l'eau à volonté dans telle ou telle partie de la prairie ; on peut également enlever et complétement cette eau par les colateurs et les rigoles d'écoulement : on obtient ainsi arrosement et assainissement complets.

3. IRRIGATION EN ÉPI.

Cette méthode est inférieure à celle par rigoles à niveau ; elle ne doit donc être employée que dans les parties où la configuration du sol ne permet pas l'emploi de ces dernières.

L'irrigation en épi (fig. 24), consiste en une rigole principale C dirigée dans le sens de la pente AB ; elle distribue l'eau aux rigoles secondaires DD placées à droite et à gauche. La largeur de toutes les rigoles diminue progressivement jusqu'à extinction vers l'extrémité. L'eau se déverse assez régulièrement, à cause du rétrécissement de la rigole, à mesure qu'elle-même diminue.

L'irrigation en épi trouve son application utile dans les contre-forts qu'on rencontre quelquefois dans les prairies et dont la fig. 24 donne une des formes. On voit par les deux lignes à

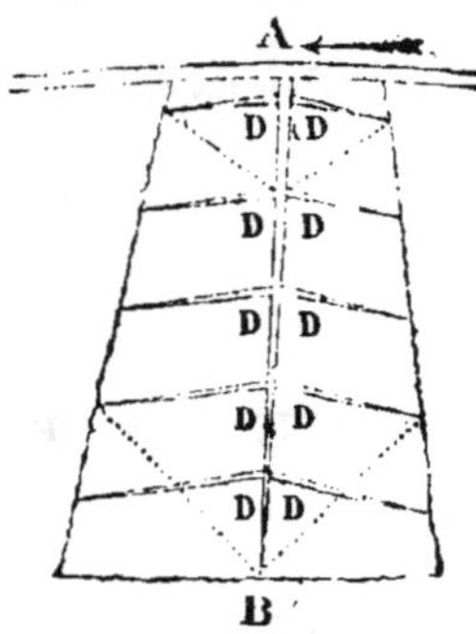

Fig. 24.

niveau XX, la difficulté d'arroser par des rigoles de ce genre.

On emploie également les rigoles secondaires de l'épi pour compléter une irrigation à niveau :

1° Dans les parties où la forme du terrain ne se prête pas à l'établissement de la rigole à niveau comme en JJ (fig. 21);

2° Là où les rigoles à niveau s'éloignent trop comme en **K**, même fig.

4. IRRIGATION PAR SUBMERSION.

Cette irrigation est destinée à desservir une prairie à pente faible et souvent à faciliter le dépôt des eaux limoneuses. On divise la surface à arroser en compartiments auxquels on donne généralement une largeur de 50 mètres et une longueur variable suivant la pente.

La fig. 25 représente un de ces compartiments.

Il est partagé par une rigole creusée dans le sens de la pente du terrain **AB**, on l'entoure d'une petite digue en terre, et de telle sorte que l'eau étant donnée par la vanne **C** en tête et arrêtée au fond par la vanne **D**, reflue de $0^m 03$ à $0^m 04$ au-dessus de la partie la plus haute du compartiment : il est ainsi entièrement submergé. Quand l'arrosage est suffisant, on ouvre la vanne **D**, le compartiment inférieur est inondé à son tour, tandis que le premier s'assèche.

Cette méthode, en raison de sa simplicité, est

la plus généralement employée ; elle présente
cependant de grands inconvénients. A la moindre pente, le compartiment est limité dans le

Fig. 25.

sens de sa longueur, sinon l'eau acquiert trop
de hauteur, ce qui en détermine une grande dépense et cause des embarras pour l'établissement

des digues. D'un autre côté, l'assèchement de la prairie s'opère imparfaitement, parce que la rigole ne se vide pas à la submersion du compartiment inférieur. On évite ces inconvénients à l'aide d'une disposition particulière. On établit les crêtes de la rigole horizontalement dans toute la longueur du compartiment (même fig.). Les côtés sur les lignes $c\ c$ et $c'\ c'$ sont également dressés horizontalement, mais en contre-haut. Les planches X X rigolées d'après ces niveaux inclinent ainsi vers la rigole, ce qui détermine leur égouttement après la submersion. D'un autre côté la rigole a une sortie nette sur le compartiment inférieur.

5. IRRIGATION PAR ADOS.

Lorsque l'inclinaison d'une prairie est trop faible pour qu'on puisse obtenir un arrosement et un assèchement convenables, on peut lui créer des pentes artificielles en la disposant en ados. La fig. 26 donne le plan d'un compartiment de prairie qui a subi cette transformation.

La fig. 27 représente la coupe d'un ados. Dans l'une et l'autre figure les mêmes lettres ont la même signification.

A est la rigole d'amener ou d'alimentation.

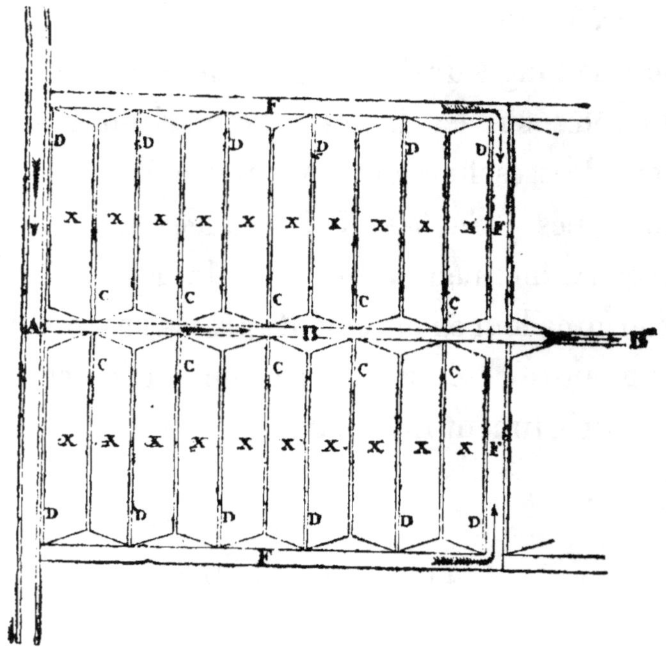

Fig. 26.

B est la rigole de distribution; elle reçoit l'eau de la précédente et la fournit aux rigoles de déversement CCC.

Celles-ci règnent horizontalement sur le sommet des ados et en arrosent simultanément les deux versants XX.

DDD sont des rigoles d'égouttement sur lesquelles tombent les eaux qui ont servi à l'arrosement.

FF sont des rigoles d'écoulement ou de colature recevant les eaux des rigoles d'égouttement. Comme rigoles d'écoulement, elles se débarrassent, à la sortie de la prairie, des eaux qui ne peuvent être utilisées. Comme rigoles de colature,

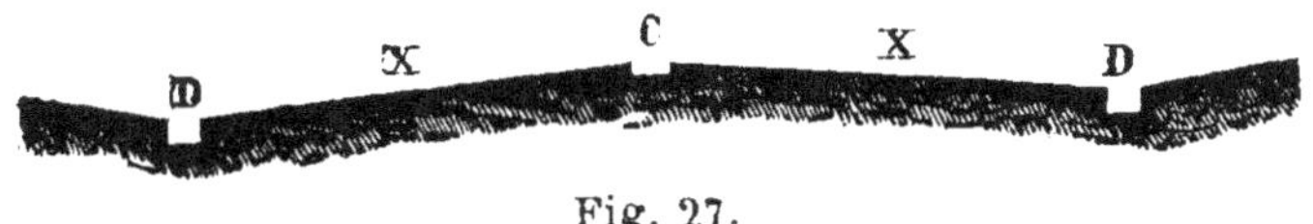

Fig. 27.

elles font retour à angle droit vers le fond du compartiment. Elles déversent alors leurs eaux dans une rigole de distribution B', en contrebas de la première B et lui faisant suite.

Les auteurs varient de 10 à 100 mètres et plus pour la longueur à donner aux ados, soit la distance entre les rigoles B et F (fig. 27). Avec de faibles longueurs, il y a multiplication exagérée de rigoles de distribution et d'écoulement, et conséquemment perte de terrain et dépense de construction plus grande. Avec de grandes longueurs l'arrosement devient difficile; il est, en outre, irrégulier quand le vent souffle dans la direction de la rigole. D'après ces considérations, Keelhoff pense que la longueur de 25 à 30 mètres est la plus convenable.

Dans la largeur à donner aux ados DD (fig. 27), il faut également éviter les extrêmes. Avec des ados trop étroits, il y a une dépense d'eau exagérée. Avec des ados trop larges, l'arrosement s'effectue irrégulièrement. Dans les terrains perméables Keelhoff donne 10 mètres de base, soit 5 mètres pour chaque versant. Dans les terres argileuses, cette distance peut être de 16 mètres : quelques auteurs la portent jusqu'à 30 mètres.

Une pente de $0^m 05$ à $0^m 10$ paraît la plus convenable. Elle peut, au besoin, être ramenée à un chiffre plus bas, et dans un terrain argileux descendre jusqu'à $0^m 02$.

Pour des ados établis dans les conditions qui viennent d'être indiquées, des rigoles ayant les dimensions suivantes données par Keelhoff peuvent desservir une longueur de biez de 200 mètres.

On appelle biez la portion de la rigole de distribution qui est comprise dans un même plan horizontal. Il dessert l'irrigation d'un compartiment d'ados, ou, suivant les circonstances, de deux compartiments dont l'un à droite et l'autre à gauche. Ainsi dans le plan (fig. 26), la rigole de distribution B forme un biez, et la rigole B', qui est en contre-bas, forme un second biez.

La rigole d'alimentation A fournit ses eaux par une buse de 0^m 20 d'ouverture ; cette buse est munie d'une vanne. La flottaison de l'eau dans cette rigole est en contre-haut de celle de la rigole de distribution de 0^m 10.

Largeur de la rigole de distribution entre les crêtes . . . . 1^m 00

Largeur de la rigole de distribution au plafond. . . . . 0^m 50

Profondeur. . . . . 0^m 25

Hauteur de l'eau. . . . . 0^m 20

Les crêtes sont horizontales dans toute leur longueur.

Le plafond a une pente par mètre de 0^m 0005.

Cette rigole est munie à son extrémité en aval d'une vanne destinée à maintenir la hauteur de l'eau pendant l'arrosement et à la laisser écouler après, ou à la transmettre complétement par un talus dans le plan inférieur.

Les crêtes des rigoles de déversement CCC sont établies à 0ᵐ 05 en contre-bas de celles de la rigole de distribution ; elles sont horizontales dans toute leur longueur.

Leur plafond est également horizontal.

$$\begin{array}{ll}\text{Leur largeur est de} \ldots \ldots & 0^{m}\ 25 \\ \text{Leur profondeur} \ldots \ldots \ldots & 0^{m}\ 05\end{array}$$

Elles se terminent à 1ᵐ 50 de l'extrémité de l'ados qui est coupé en plan incliné et se nomme pignon.

Le volume d'eau est ainsi donné plutôt par la largeur de la rigole que par sa profondeur. Voici les motifs qu'en donne Keelhoff : « Les infiltrations sont en raison de la surface infiltrante et de la pression que l'eau y exerce. Or, plus une rigole est profonde, plus la surface infiltrante et la colonne d'eau sous laquelle la pression s'exerce augmentent. Les rigoles trop profondes provoquent donc la perte d'un grand volume d'eau. »

Avec des rigoles peu profondes, il y a, en outre,

un assainissement plus grand, en raison de la distance plus grande qui existe entre le plafond de la rigole de déversement et la flottaison de l'eau dans la rigole d'égouttement.

Les rigoles d'égouttement DDD commencent à 1 mètre de distance perpendiculaire de la ligne de tête des ados, et de ce point le terrain s'élève en talus jusqu'à cette ligne.

$$
\begin{aligned}
&\text{Leur largeur est de . . . .} && 0^{m}\ 25 \\
&\text{Leur profondeur à la naissance.} && 0^{m}\ 20 \\
&\qquad \text{Id.} \qquad \text{à l'extrémité. .} && 0^{m}\ 25
\end{aligned}
$$

La rigole d'écoulement ou de colature FF prend les mêmes dimensions que la rigole de distribution dont elle est appelée à évacuer les eaux; on lui donne également une pente de 0^{m} 0005 par mètre.

Son plafond est établi à 0^{m} 24 en contre-bas de celui de la rigole d'égouttement.

Sa hauteur d'eau étant de 0^{m} 20, il y a entre sa flottaison et le plafond de la rigole d'égouttement une différence de 0^{m} 04 qui assure l'assainissement.

Toutes les hauteurs d'un compartiment de

prairie en ados desservi par un biez, se décomposent donc ainsi (fig. 28) :

AB hauteur adoptée de l'ados. . . . 0^m 25

BC hauteur maximum de la rigole d'égouttement . . . . 0^m 25

CD distance du plafond de cette rigole à la flottaison de la rigole d'écoulement . . . . 0^m 04

La hauteur totale est de. . 0^m 54

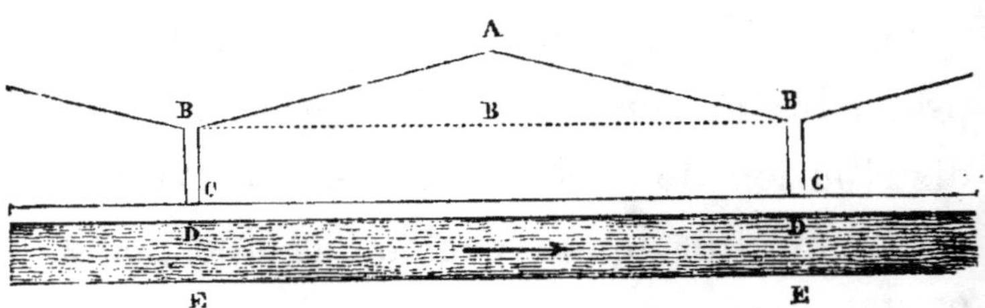

Fig. 28.

DE représente la hauteur d'eau dans la rigole d'écoulement. Cette hauteur fera partie d'un second compartiment, si en B' (voir fig. 26), cette rigole se transforme en un second biez ou rigole de distribution.

Il en résulte que, toutes les fois qu'on trouve

à la ligne de pente du terrain AB (fig. 29), une différence de niveau de 0ᵐ 54, on peut établir un compartiment d'ados CD, dont les eaux, à leur sortie, serviront à l'irrigation d'un compartiment inférieur EF.

Si l'on avait à établir des ados sur une surface plane AB (fig. 30), il ne s'agirait que de déterminer par des piquets la moitié de leur hauteur en contre-haut et la moitié en con-

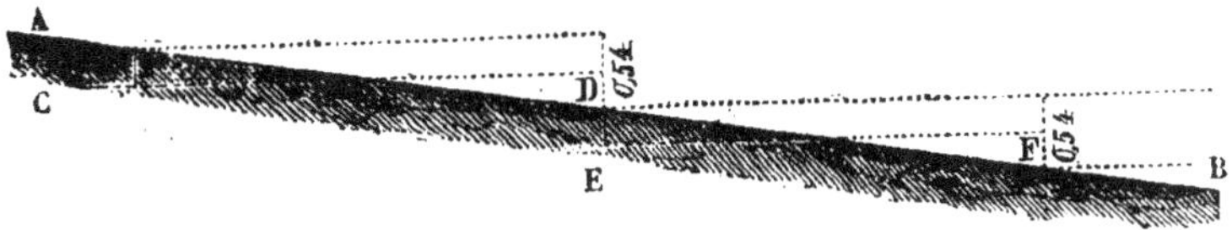

Fig. 29.

tre-bas de cette surface. La terre qu'on aurait en déblai en C compenserait exactement le remblai à opérer en D. Elle serait jetée à la pelle à droite et à gauche. Ce travail n'est jamais aussi facile, mais il s'en rapproche plus ou moins dans les terrains très-faiblement et régu·lièrement inclinés. Dans tous les cas, pour établir un compartiment d'ados de manière que les déblais fournissent les remblais, il faut chercher le plan horizontal auquel le terrain peut être ramené. On trouve ce plan en donnant des coups de niveau du centre du compartiment sur tous les points du sol qui présentent des éminences ou des dépressions, et on prend la moyenne des côtes observées : un piquet enfoncé à la hauteur trouvée, sert à piqueter tout le reste.

On détermine d'abord les lignes de toutes les rigoles et de tous les ados par des piquets dont l'un est placé en tête et l'autre à l'extrémité de

Fig. 30.

chaque ligne. Ensuite, à l'aide du niveau, on met la tête de tous les piquets, selon la nature de chacun, en contre-haut ou en contre-bas du piquet indicateur. Ainsi, par exemple, la tête de ceux qui désignent le sommet des ados est mise en contre-haut de $0^m 125$; la tête, au contraire, de ceux qui indiquent la crête des rigoles d'égouttement est mise en contre-bas de $0^m 125$.

6. IRRIGATION PAR NORIAS.

Tant que l'eau domine le niveau du sol qu'on veut arroser, il suffit de recourir aux canaux pour en faire profiter le terrain. Mais si le niveau de l'eau est inférieur à celui du sol, il faut nécessairement commencer par s'élever à ce niveau ; on y parvient à l'aide de machines. Telles sont, entre autres, les *roues à godets* ou *norias* (fig. 31), qui, tantôt utilisent la force même du courant pour monter l'eau à une certaine hauteur, tantôt (et c'est le cas le plus ordinaire) sont mises en mouvement par des manéges. L'eau, amenée par les norias , est généralement conduite par des chéneaux dans des canaux ; elle se rend, de là, par des ouvertures, dans les rigoles d'irrigation d'où elle se déverse sur le sol.

La valeur de l'eau montée par les norias dépend de la profondeur du réservoir où elles puisent ; cette valeur est d'autant plus faible qu'il faut aller chercher l'eau moins bas.

L'emploi des norias mues par un manége est toujours fort dispendieux si on le compare à l'irrigation s'effectuant par le moyen de canaux or-

Fig. 31. Noria.

dinaires ; les norias ne permettent d'arroser que de petites surfaces, comme celles des jardins maraîchers ; elles sont rarement applicables à la grande culture. Les meilleures norias sont celles dont les engrenages sont en fonte ; elles donnent huit fois plus d'eau, dans le même laps de temps et à la même profondeur, que les roues en bois.

FERTILISATION DU SOL.

1. Engrais végétaux. — 2. Engrais purement animaux. — 3. Engrais mixtes ou composés. — 4. Engrais minéraux.

Quelles que soient la nature du sol et l'harmonie de ses parties constituantes, il ne donne des récoltes profitables qu'autant qu'il renferme une quantité suffisante d'humus. Toutes les substances animales et végétales sont aptes à former de l'humus ; mais, pour qu'elles puissent servir à la nourriture des plantes, il faut qu'elles aient été décomposées ; il faut que, sous l'influence de l'air, de la chaleur et de l'humidité, la putréfaction ait désagrégé leurs tissus et dégagé les substances minérales renfermées dans leur organisme ; ce n'est qu'après avoir passé par ces diverses modifications qu'elles sont transformées en engrais.

Sous le nom d'*engrais*, on comprend toute substance propre à fertiliser le sol, à réparer les pertes que la production végétale lui a fait éprouver : rien ne remplace leur action.

Les engrais dont s'occupe plus particulièrement le cultivateur, peuvent être rangés dans quatre grandes divisions : les engrais végétaux, les engrais purement animaux, les engrais mixtes ou composés, et les engrais minéraux.

1. ENGRAIS VÉGÉTAUX.

Cette catégorie renferme les engrais qui proviennent exclusivement des plantes ; tels sont, entre autres, les engrais verts, les tourteaux.

a. Engrais verts.

Ils sont fondés sur ce principe que toute plante restituée à la terre avant d'avoir porté graine, augmente sa fertilité, parce que, indépendamment des éléments de nutrition qu'elle puise dans le sol, elle en emprunte encore à l'atmosphère et en forme une base de richesse pour le terrain quand on l'y enfouit.

Les engrais verts produisent de bons effets dans les terrains sablonneux et crayeux ; on s'en sert également avec avantage pour fumer de temps en temps les pièces éloignées ou d'un accès difficile ; à défaut de ressource plus énergique, au début d'une exploitation, ils offrent le moyen de donner la première impulsion à un terrain appauvri et négligé ; toutefois il ne faut pas perdre de vue que les plantes destinées à servir d'engrais vert végètent faiblement dans les sols maigres ou épuisés, de sorte que les engrais verts, en définitive, semblent plus propres à maintenir le sol dans son état de fertilité déjà acquise, qu'à lui en créer une ; mais ils ne sont réellement profitables que lorsqu'on les alterne avec des fumiers d'étable ; dans aucun cas, on ne doit les considérer comme tenant lieu de fumier ; ils ne sauraient constituer un système exclusif de fumure, ni suffire à entretenir, d'une manière continue, les forces végétatives du terrain : ce rôle n'appartient qu'au fumier ; les engrais verts ne sont que ses humbles auxiliaires.

On se procure des engrais verts en semant certaines plantes dont le développement est très-rapide, pour les enfouir à l'époque de leur floraison.

Les plantes destinées à servir de fumures vertes doivent jouir des propriétés suivantes : 1° elles doivent être appropriées au climat, à la nature du sol, et être peu exigeantes sous le rapport de la fertilité ; 2° leur fumure doit être peu coûteuse ; 3° elles doivent acquérir leur plus grand développement dans un laps de temps très-court, afin que le cultivateur puisse les semer après une première récolte et, qu'après leur enfouissement, il ait encore le temps de préparer le sol ; 4° elles doivent avoir une végétation assez vigoureuse pour couvrir complétement le sol et empêcher ainsi les mauvaises herbes de prendre le dessus ; 5° enfin, elles doivent se décomposer promptement après leur enfouissement.

Les plantes le plus généralement employées comme engrais verts sont, pour un climat humide : le sarrasin, la navette, le colza, le trèfle ; pour un climat sec et chaud, le lupin ; cette plante, ainsi que le sarrasin, réussit particulièrement dans le terrain sablonneux ; le colza et la navette conviennent mieux aux terrains plus consistants. Les pois, les vesces, les fèves y réussiraient aussi et formeraient de très-bons engrais verts, mais leur semence est trop coûteuse pour l'employer à cette destination. Le genêt, dans les terrains légers et pauvres, ne saurait être trop recommandé comme plante propre à enfouir en vert. C'est encore dans la catégorie des engrais verts qu'il faut placer les algues marines recueillies avec tant de soin sur certains points de la France par les habitants du littoral. On les enfouit quelquefois aussitôt après les avoir récoltées ; d'autres fois, on les met par couches avec le fumier ; dans certaines localités, on les soumet à une incinération partielle : sous ces différents états, elles constituent un engrais fort estimé, qui a le mérite d'être tout à fait exempt de mauvaises herbes.

L'action des engrais verts ne dure qu'un an.

b. Tourteaux.

Les tourteaux, c'est-à-dire le résidu solide des plantes dont on a extrait les sucs, sont d'un usage fréquent dans la culture ; ceux qu'on emploie le plus à cette destination sont les tourteaux de colza, de sésame et d'arachide ; en général, on s'en sert à l'état pulvérulent. Dans les climats secs, on se trouve bien de les humecter avant de les répandre sur le terrain. Tantôt on les applique directement au sol et, dans ce cas, on les enfouit à l'aide de la herse ou du scarificateur ; tantôt on les répand sur les plantes déjà en végétation, et alors on ne les enterre pas. Lorsqu'on veut s'en servir à l'état sec pour des semis, il importe de les répandre quinze jours ou trois semaines avant de procéder aux semailles ; sans cela, la graine ne lève pas.

On fume avec les tourteaux dans la proportion de 600 à 1000 kilogrammes et plus par hectare ; ils agissent avec plus ou moins d'énergie, selon que la température est plus ou moins humide :

leur effet ne se prolonge guère au delà d'une année.

Les tourteaux de lin sont généralement réservés pour l'engraissement du bétail.

2. ENGRAIS PUREMENT ANIMAUX.

Bien qu'on puisse comprendre dans cette catégorie tous les débris des animaux, tels que le sang, les os, la laine, les plumes, la corne, les peaux, etc., dont on peut tirer parti pour augmenter la masse des engrais, il n'est question ici que des engrais purement animaux le plus souvent employés par les cultivateurs ; ce sont : la matière fécale, la colombine, le noir animal, le parc et le purin.

a. Matière fécale.

C'est le plus actif de tous les engrais ; sous une forme concentrée, elle contient toutes les substances organiques et minérales nécessaires au développement des plantes ; malheureusement

cette matière précieuse n'est point assez appré-
ciée en France, et son usage est encore restreint
à un petit nombre de localités où l'agriculture
est très-avancée.

La qualité de la matière fécale dépend de la
qualité des aliments dont elle est le résidu.

On peut l'employer sous deux formes, à l'état
frais ou après avoir été desséchée; dans ce dernier cas, elle est désignée sous le nom de *poudrette*.

La poudrette, telle qu'on la prépare dans le
commerce, est un monstrueux gaspillage des
principes fertilisants renfermés dans la matière
fécale, outre que sa fabrication répand au loin
une odeur infecte. Privée, par la dessiccation, de
plus de la moitié de sa valeur fertilisante, elle
ne se justifie que dans les grands centres, par
l'impossibilité où l'on est d'emmagasiner d'im-
menses masses de matières fécales. On la répand
sur les récoltes à leur première végétation, dans
la proportion de 15 à 1800 kilog. par hectare ;
son action ne dure qu'une année.

La matière fécale fraîche, désignée sous les
noms de *gadoue*, *engrais flamand*, est d'une

application générale aux environs de Nice, et surtout dans le département du Nord où cet excellent engrais est d'un usage habituel. Dans ce dernier département, on dépose la matière fécale dans des fosses murées et on l'y laisse mêlée aux urines pendant un temps plus ou moins long. On l'applique à l'état liquide, soit avant, soit après les semailles; ordinairement, on la répand sous forme de pluie, au moyen d'une poche en bois, sur le plant repiqué ou sur les plantes en végétation.

La matière fécale convient à tous les sols et à toutes les plantes, mais il n'en faut pas moins l'appliquer avec discernement. Sur les terres fortes elle tend à donner, à la longue, plus de compacité au sol ; on se trouve mieux de l'y employer avant les semailles. Sur les terres légères, au contraire, son application est sans inconvénient, et peut être continuée pendant plusieurs années successives sans qu'on ait besoin de recourir à d'autres engrais. Sur toute espèce de sols, néanmoins, il importe, à cause de son énergie, de ne point en faire excès, de peur de compromettre le résultat qu'on veut atteindre ; elle détermine infailliblement la verse des céréales si on n'opère pas avec ménagements.

Ainsi que toutes les substances organiques dont la fermentation putride est terminée, l'engrais flamand a une action instantanée qui ne s'étend pas au delà de l'année où on l'applique.

La désinfection des fosses d'aisance s'obtient sans difficulté en jetant dans les latrines un mélange composé de 15 à 20 kilogr. de terre, de sciure de bois ou de balle d'avoine, de un kilog. de plâtre pulvérisé et de deux kilogr. de couperose en poudre pour trois hectolitres de matières fécales ; on mêle le tout en l'agitant avec un bâton ; l'engrais peut être extrait de la fosse 24 heures après l'opération, il est alors complétement inodore.

On parvient à enlever l'odeur nauséabonde de la matière fécale liquide en la faisant absorber par des matières charbonneuses ou par du plâtre. On la répand à la volée.

b. Colombine.

On désigne sous ce nom les déjections des oiseaux de basse-cour. La colombine est un engrais très-énergique, dont il faut user avec précaution ; il se produit rarement en grande quantité dans les exploitations rurales et, la plupart du temps encore, on en laisse perdre la majeure partie en ne le recueillant qu'à deux ou trois reprises dans le cours de l'année. Par suite de cette négligence, des larves d'insectes s'introduisent dans la colombine et en détériorent la qualité : on éviterait cet inconvénient en vidant tous les mois les poulaillers et les colòmbiers. A mesure qu'on enlève la colombine, on doit la serrer dans un local à l'abri de l'humidité ; on la recouvre de terre sèche mêlée de plâtre jusqu'au moment de l'employer. Elle produit un effet d'autant plus utile qu'elle est mieux divisée. On la répand, en général, à la volée et sans l'enterrer, sur les semis languissants ; on peut aussi se contenter de la jeter sur le sol labouré ; on sème ensuite et l'on enterre le tout par un coup de herse. Son action ne s'étend pas au delà d'une année.

A la colombine doit être assimilé l'engrais connu sous le nom de *guano*, l'un des engrais pulvérisants les plus actifs. Il provient des déjections des oiseaux de mer et se trouve en grandes masses sur certaines côtes de la mer du Sud. On en obtient d'excellents effets lorsqu'on l'emploie avec discernement, mais il est rare de le trouver exempt de falsifications dans le commerce. D'après M. J. Girardin, le véritable guano du Pérou se reconnaît aux caractères suivants :

Il exhale une forte odeur ammoniacale qui provoque l'éternûment.

Sa saveur est piquante.

Dans sa masse, il présente de nombreuses concrétions blanchâtres, demi-dures, qui se laissent écraser sous la pression des doigts, et qui, exposées à l'air, se délitent promptement et tombent bientôt en poussière en répandant une odeur ammoniacale très-vive.

Jeté dans l'eau, le guano du Pérou gagne rapidement le fond, et ne laisse rien surnager.

L'hectolitre pèse, en moyenne, 93 kilog.

Chauffé sur une lame mince de fer, il se **bour-soufle** beaucoup, noircit, et brûle **avec une** flamme légère en répandant une forte vapeur ammoniacale.

Trituré avec de la chaux vive en poudre, il répand aussitôt une forte odeur ammoniacale.

Il ne contient que très-rarement **des cailloux** siliceux et renferme au plus de 2 à 3 0/0 **de** sable.

Enfin, les bons guanos ne doivent pas **conte-**nir plus de 12 à 13 0/0 d'eau. On en met de 3 à 400 kilog. par hectare. Son prix est malheu-reusement très-élevé.

c. Noir animal.

Le noir animal ou noir des raffineries **est un** composé de charbon d'os réduits en poudre très-fine et de sang qui a servi pour la clarification du sirop. On ne doit l'employer que deux ou trois mois après sa sortie des raffineries. Il pro-duit de très-bons résultats, particulièrement dans les terrains de landes et sur **les sols analo-**

gües ; l'agriculture en fait une grande consom—
mation en Bretagne ; on le sème à la volée sur
les plantes déjà levées.

d. Phosphates fossiles.

D'une application récente et par suite encore
restreinte et mal déterminée, les phosphates
fossiles sont appelés à jouer un grand rôle dans
l'agriculture progressive ; ils conviennent à un
grand nombre de récoltes et doivent venir en
aide aux fumiers dont le besoin se fait d'autant
plus sentir, que la culture est plus avancée.

e. Parc.

Le parcage est une opération qui consiste à
renfermer le troupeau dans une enceinte mobile,
afin qu'il y dépose ses excréments pendant le
temps qu'il y séjournera.

Le parc offre plusieurs avantages : il économise la litière, il épargne les frais de transport
de l'engrais, point important lorsqu'on a des

terres éloignées, de mauvais chemins, ou qu'on habite un pays montueux.

Indépendamment de l'effet des déjections qui se fait sentir avec force et rapidité, le parc améliore encore le sol par la chaleur et les vapeurs qui s'échappent du corps des animaux. Il laisse le terrain net de mauvaises herbes; il ranime les semailles languissantes; enfin, le piétinement des animaux opère un tassement fort utile sur les terrains légers.

La bonté du parc dépend de l'état dans lequel se trouve le sol au moment où on le lui applique, 'e la nature des plantes qui doivent en profiter, et aussi de l'espèce plus ou moins forte des bêtes à laine et de leur genre de nourriture.

Pour obtenir du parc de bons effets sur les récoltes, il est indispensable que l'engrais soit réparti aussi également que possible; on atteint ce résultat en tenant compte de la surface à fumer, de la force et de la durée du parc.

En général, on règle l'étendue du parc à raison d'un mètre carré à un mètre 50 par bête à laine. Le parc tient lieu d'une bonne fumure quand les animaux ont séjourné toute une nuit au même endroit; il équivaut simplement à une demi-fumure quand on a changé les bêtes de place une fois pendant la nuit. On ne doit faire parquer les bêtes à laine que pendant la belle saison; le parc donné par des temps de pluie nuit à la santé des animaux et porte préjudice au sol argileux qui se trouve ainsi pétri et ne peut plus être ameubli qu'au prix de façons dispendieuses.

On renferme généralement les bêtes dans le parc à la nuit tombante. Le lendemain matin, on ne doit les en faire sortir qu'après que la rosée s'est dissipée, car l'herbe sur laquelle les bêtes se jettent alors avec voracité leur causerait, par son humidité, l'accident grave connu sous le nom de *gonflement* ou *météorisation*. Avant de faire sortir les bêtes du parc, il est bon de les mettre en mouvement, afin qu'elles se vident.

Il est avantageux de labourer le sol avant d'y mettre le parc et d'enfouir l'engrais le plus tôt possible par un coup d'extirpateur ou de scarificateur; dans les terres légères il y a souvent avantage à parquer sur les semailles mêmes. Le parc est aussi très-utile aux prairies naturelles et artificielles ; on peut le leur appliquer après la dernière coupe. Le parc produit ses principaux effets dans l'année même où on l'a donné.

f. Purin.

Les urines des bestiaux ne sont jamais mieux employées que lorsqu'elles sont mêlées aux matériaux qui ont servi à les recueillir ; il est telles circonstances, cependant, où certaines nourritures aqueuses données au bétail procurent une quantité d'urine plus grande que ne peut en absorber une litière même abondante ; de même, lorsqu'on est à court de litière ou qu'on en manque totalement, il y a utilité et profit alors à recueillir les urines dans un réservoir pour les faire fermenter, et les employer ensuite séparément sous le nom de *purin*.

Cet engrais agit avec une extrême rapidité ; il convient aux terres légères et à toutes les récoltes qui demandent à être poussées vigoureusement dans leur végétation. On augmente beaucoup sa qualité en y faisant dissoudre une certaine dose de sulfate de fer ou de sulfate de soude.

Le purin a contre lui l'inconvénient de frais de transport considérables, pour peu que les champs soient éloignés ; on l'applique avec le plus grand succès aux prairies. Son action ne dure qu'un an. Quand on emploie le purin à l'état frais, il convient de l'étendre de quatre fois son volume d'eau; sans cette précaution, il brûlerait les plantes.

3. ENGRAIS MIXTES OU COMPOSÉS.

On appelle *engrais mixtes* ou *composés* le mélange de certaines matières végétales, telles que la paille, les feuilles d'arbres, la bruyère, les roseaux, la fougère, etc.; avec les excréments des animaux, ils constituent ce qu'on nomme, dans la pratique, les *fumiers d'étable*.

Cette catégorie d'engrais est, sans contredit, la plus précieuse pour le cultivateur, car quelles que soient les ressources que présentent des matières purement animales ou végétales, et bien

que plusieurs d'entre elles renferment un grand
principe de fertilité sous un petit volume et conviennent plus spécialement à certaines plantes,
le fumier d'étable, seul, forme pour le cultivateur
l'engrais par excellence. D'un côté, par sa nature
complexe, il réunit tous les éléments de fertilité
ainsi que les substances minérales nécessaires
au développement des végétaux ; par sa décomposition lente, il fournit aux plantes les sucs
nourriciers au fur et à mesure de leurs besoins ;
de l'autre, il apporte une amélioration durable
au sol, il le divise et l'ameublit ; enfin, il est le
seul engrais que le cultivateur puisse se procurer
en assez grande quantité. C'est donc le seul sur
lequel on puisse fonder une culture régulière
et sur lequel on puisse compter pour maintenir
la terre en état de produire avantageusement
des récoltes. C'est de l'exploitation même, en
général, qu'on doit tirer le fumier d'étable.
Parfois, il est vrai, on peut, aux environs des
grandes villes, se procurer des engrais du dehors ;
mais, à part quelques circonstances exceptionnelles, le cultivateur est borné à ses propres
ressources. La qualité du fumier dépend surtout

de la manière dont on l'a préparé; elle varie aussi, suivant qu'il provient de telle ou telle espèce de fourrages consommés. Le bétail abondamment nourri fournit plus de déjections que le bétail médiocrement nourri. Les animaux bien portants et les bêtes grasses donnent un fumier de meilleure qualité que celui des bêtes maigres et souffrantes. Plus les fourrages sont substantiels, plus les fumiers ont de qualités; le fumier le plus mauvais et le plus cher est celui des bestiaux mal nourris; le fumier le moins cher et le plus profitable est celui qui provient du bétail constamment bien nourri et en bon état de santé.

On distingue plusieurs sortes de fumiers; suivant qu'ils proviennent de tel ou tel bétail, ils jouissent de propriétés différentes.

a. Fumier de cheval.

Le fumier de cheval est le plus actif des fumiers d'étable. Cette propriété est d'autant plus développée que l'animal est nourri plus exclusivement de paille, de foin et d'avoine. Le fumier de cheval, pénétré d'une certaine humidité et mis en contact avec l'air, entre promptement en fermentation ; il s'y développe alors une chaleur tellement forte, que, si on ne l'arrose, il se réduit presque en poussière. Pour être conservé pendant un certain temps, il ne suffit pas de le tenir simplement humide, il faut qu'il soit maintenu mouillé et fortement tassé, de telle sorte que l'air ne puisse le pénétrer ; ce n'est qu'à cette condition qu'on le préserve de la moisissure ou du blanc. Il est toujours avantageux de le mélanger sur l'aire avec le fumier des bêtes à cornes. On l'applique avec avantage aux terrains argileux.

b. Fumier de bêtes à cornes.

Le fumier de bêtes à cornes est plus aqueux que le fumier de cheval, il entre moins vite en fermentation et est moins actif, mais ses effets sont plus durables. Indépendamment de cet avantage, il en possède encore d'autres très-importants. En France, dans la plupart des exploitations, il se produit en plus grande abondance que toute autre espèce de fumiers ; il s'amalgame facilement avec toute espèce de litière, et il en supporte une forte dose ; il convient à toutes les terres sablonneuses et calcaires; il s'applique au plus grand nombre des récoltes; il exerce sur elles une action uniforme.

A nourriture égale, les vaches laitières fournissent un fumier de moindre qualité que celui des bœufs de travail ; de même, le fumier des jeunes bêtes est inférieur à celui des bêtes adultes, toutes circonstances d'ailleurs égales.

c. Fumier de bêtes à laine.

Le fumier de bêtes à laine, moins chaud que celui de cheval, mais plus actif que celui des bêtes à cornes, tient en quelque sorte le milieu entre ces deux espèces de fumiers ; il passe pour le meilleur des fumiers d'étable.

En général, le fumier des bêtes à laine séjourne très-longtemps dans les bergeries. Peu humide de sa nature, et fortement tassé par les pieds des animaux, il entre difficilement en fermentation. Sa forme et sa consistance ne lui permettent de se mélanger qu'imparfaitement avec la litière;

ce n'est qu'à la longue qu'il se prend en masse et que la paille s'y décompose. Il convient à tous les terrains, mais surtout aux sols argileux qu'il tend à réchauffer. Il produit son plus grand effet dans l'espace d'une année ; les autres fumiers se répartissent sur plusieurs années.

d. Fumier de porc.

Par suite de préjugés qui ne reposent sur aucune observation précise, le fumier de porc passe pour le plus mauvais des fumiers d'étable aux yeux de beaucoup de cultivateurs. Mais lorsque les porcs sont bien nourris et qu'on a soin de recueillir leurs déjections sur une litière abondante, leur fumier est de bonne qualité ; seulement il convient de le laisser fermenter pendant un certain temps avant de le porter sur les terres, parce qu'il contient beaucoup de mauvaises graines non digérées. Son action est plus durable que celle du fumier de cheval et moindre que celle du fumier des bêtes à cornes. Les fumiers d'étable, bien que possédant chacun des propriétés spéciales dont on peut tirer un parti avantageux pour certains terrains et certaines récoltes particulières, sont rarement employés seuls, à l'exception du fumier des bêtes à laine, quand les bergeries sont vidées à de longs intervalles. Il est préférable, dans la plupart des cas, lorsque les circonstances locales le permettent, de mélanger tous les fumiers ; on obtient, par ce moyen, un fumier moyen participant des qualités de chacun des fumiers d'origine diverse, et dont l'application est ordinairement la plus profitable.

Si l'état du bétail, l'abondance et la qualité de la nourriture influent sur la bonté de ses déjections, la préparation qu'on fait subir au fumier ne contribue pas peu à lui donner de la qualité. Ce point est tellement capital, qu'à la simple inspection du fumier, on peut juger, à coup sûr, si le cultivateur est soigneux et intelligent : une exploitation bien conduite se voit rarement là où le fumier est négligé.

La litière joue un rôle important dans la préparation du fumier. La paille, par sa conformation tubulaire, sa facilité à s'imbiber de la partie liquide des déjections, à se décomposer rapidement et, en outre, par l'excellent coucher qu'elle fournit aux animaux, constitue la litière par excellence ; c'est celle que le cultivateur, placé dans les conditions ordinaires, se procure en plus grande abondance et à meilleur marché : les feuilles d'arbres, les roseaux, la bruyère, les gazons ne sont que des moyens supplémentaires quand elle vient à manquer.

On sait déjà que, pour la bonne confection du fumier, la litière doit être proportionnée à l'abondance et à la qualité des fourrages. Plus l'alimentation du bétail est aqueuse, plus il faut lui donner de litière. Une litière insuffisante ne permet pas de recueillir toutes les déjections ; une litière trop considérable procure une plus grande masse de fumier, mais un fumier de moindre qualité. Il ne faut donc donner ni trop ni trop peu de litière ; celle-ci doit recevoir toutes les déjections solides et recueillir le plus possible des déjections liquides, de telle sorte que tout ce qu'elle ne pourra retenir se rende par un canal au tas de fumier ou dans la fosse à purin.

Plus la litière est broyée, triturée, mieux elle se mêle aux déjections et plus elle absorbe de leurs parties liquides ; elle se décompose d'autant plus vite qu'elle est plus complétement imprégnée des déjections du bétail.

Il faut d'autant plus de litière que le fumier reste plus longtemps sous les animaux.

Toutes conditions d'ailleurs égales, le fumier le meilleur est celui qui est resté le plus de temps sous le bétail et auquel on a ajouté chaque jour une quantité de litière qui condense les vapeurs du fumier et empêche l'évaporation. Mais si le fumier acquiert ainsi de la qualité, il s'en faut que la santé des animaux s'en trouve aussi bien que lorsque les étables sont vidées souvent ; un séjour prolongé du fumier dans l'étable devient, d'ailleurs, presque impossible par suite de l'énorme quantité de litière qu'exige cette méthode, lorsque le bétail reçoit une alimentation très-aqueuse, comme des racines, des fourrages verts, des résidus de distillerie, etc.; voilà pourquoi, dans la pratique, on ne laisse jamais longtemps le fumier sous le bétail ; on le transporte ordinairement dans la cour de l'exploitation, sur un emplacement spécial.

Le fumier, avant d'être tiré de l'étable, devrait toujours être arrosé avec de l'eau contenant du sulfate de fer en dissolution, dans la proportion d'un demi kilogramme pour un hectolitre d'eau ; au moyen de cette aspersion, qui n'entraîne qu'un léger surcroît de main-d'œuvre, on s'oppose instantanément à l'évaporation des principes fertilisants du fumier, et on lui conserve toutes ses qualités.

La plupart des cultivateurs, pour extraire le fumier de l'étable, sont dans l'usage de se servir de crochets à l'aide desquels ils le traînent sur le sol jusqu'au lieu où il doit être déposé en tas. Cette routine vicieuse fait perdre une partie notable des déjections le long du chemin, pour peu que le trajet soit éloigné ; les litières imprégnées des déjections des animaux, doivent être transportées sur une civière à bras, ou, tout au moins, à l'aide d'une brouette.

L'emplacement et la disposition du tas de fumier réclament la plus grande attention. « Malheur à l'exploitation, s'écrie Schwertz, où, faute d'espace, le fumier est déposé le long de la rue ou jeté dans quelque coin contre un bâtiment, laissant perdre le liquide qui en suinte! Malheur à la ferme dont toutes les toitures déversent les eaux de pluie sur le fumier, et dans laquelle il faut dévier cette eau ou en laisser noyer toute la cour; la partie la plus précieuse de l'engrais se répand ainsi au dehors! Malheur à la ferme où l'on ne peut prendre de dispositions pour rendre, de temps en temps, au fumier l'eau grasse qui en découle, y maintenir une humidité nécessaire et le préserver de la moisissure! »

L'emplacement du tas de fumier doit, autant que possible, se trouver à la proximité des étables et des écuries, afin d'économiser les frais de transport. Il faut qu'il réunisse, en outre, les conditions suivantes : 1° que le jus du fumier ou purin ne se répande pas au dehors; 2° qu'il soit recueilli dans un réservoir attenant au tas de fumier, afin que celui-ci puisse en être arrosé de temps en temps; 3° que les eaux des toits, des rigoles, des ruisseaux, etc., ne puissent venir noyer le fumier; 4° que l'emplacement soit assez vaste pour ne pas obliger à entasser le fumier à une trop grande hauteur ; 5° qu'il soit d'un facile accès aux voitures pour l'enlèvement du fumier.

La meilleure manière de disposer le tas de fumier consiste à le placer sur un terrain faiblement bombé dans son milieu, et, partant, présentant une pente légère sur ses côtés. On le pave, ou du moins on l'enduit d'une couche d'argile s'il n'est pas imperméable, et on l'entoure d'une rigole destinée à conduire le liquide qui s'échappe du tas de fumier dans la fosse ou réservoir pratiqué vers l'un de ses côtés, à la partie la plus déclive. Cette fosse est couverte de madriers assez rapprochés pour ne laisser passer que les matières liquides ; les eaux du fumier s'y rassemblent ; on les en tire à l'aide d'une pompe pour arroser le tas de fumier chaque fois que sa surface se dessèche, ou pour en remplir des tonneaux lorsqu'on veut l'appliquer comme engrais spécial.

La litière imprégnée des déjections du bétail ne doit pas être jetée pêle-mêle sur le tas de fumier, ainsi que cela se voit trop fréquemment ; il faut, au contraire, la diviser et l'étendre aussi également que possible à sa surface et la bien

tasser, afin que la fermentation s'opère simultanément dans toutes ses parties. Un dépôt inégal
laisse des vides, la moisissure s'y introduit, elle
se développe au détriment de la substance du
fumier et lui enlève ses qualités les plus précieuses. Les fumiers les mieux faits n'en sont
pas à l'abri quand il s'y produit une forte chaleur. On tempère leur fermentation trop active
en ayant soin de maintenir la masse du fumier
dans un certain état d'humidité au moyen d'arrosages plus ou moins répétés, suivant que la
température est plus ou moins élevée. Lorsque
la fermentation se déclare dans le tas de fumier,
sa température s'élève, et il se dégage une grande
quantité de vapeurs blanches. Avec les vapeurs
s'échappent les principes fertilisants qui sont
volatils. Des arrosages appliqués judicieusement, l'addition fréquente de litières fraîches,
sont un bon moyen de retenir dans le fumier
ces principes volatils si précieux; on les y fixe
d'une manière encore plus sûre en saupoudrant
chaque couche de fumier d'une certaine quantité de plâtre. Là où l'on peut se procurer facilement cette substance, elle devrait toujours en-

trer dans la préparation des fumiers et leur être mêlée, couche par couche. De cette manière, l'engrais ne perdrait aucune de ses qualités. Recommander cette méthode, c'est faire la critique la plus complète du détestable usage qui existe dans un grand nombre de localités en France de brasser et rebrasser le fumier avant de l'appliquer au sol. Ainsi bouleversé, sa décomposition est plus rapide; mais, par suite de ces opérations irréfléchies, une partie de ses principes fertilisants s'est évaporée; la perte est d'autant plus grande qu'on a exposé davantage le fumier au contact de l'air.

Le tas de fumier ne doit pas excéder 2 mètres dans sa plus grande hauteur; une élévation plus considérable pourrait développer une trop grande chaleur dans le tas. Il serait difficile de modérer la fermentation dans une masse trop épaisse, et sa rapide décomposition ferait évaporer une partie de l'engrais si l'on était forcé de le garder pendant longtemps. Le tas doit perdre de sa profondeur au fur et à mesure qu'on se rapproche de l'extrémité par laquelle on l'aborde; quand il est parvenu à sa hauteur définitive, on le couvre d'une couche de terre dans le but de prévenir l'évaporation des principes volatils; il présente alors un plan incliné auprès duquel les voitures doivent trouver un accès facile.

Si l'on avait toujours à sa disposition des champs préparés, libres de récoltes, auxquels on pût en tout temps appliquer le fumier, nul doute qu'il y aurait plus d'avantage à utiliser, au sortir même des étables, la litière chargée de la déjection du bétail, qu'à conserver le fumier en tas et à ne l'incorporer au sol qu'après qu'il a été en partie décomposé; on éviterait ainsi les déperditions qui réduisent parfois le fumier au tiers de sa masse, et dont il est impossible de le garantir tout à fait, même avec les plus grands soins.

Tout concourt à recommander l'emploi, autant que possible, des fumiers frais. Il est vrai, le fumier ne devient un aliment pour les plantes qu'autant qu'il a subi une décomposition préalable; mais, introduit directement dans le sol, au sortir même des étables, il y subit les mêmes changements et finit par se transformer en engrais; seulement sa décomposition est plus lente.

Indépendamment des déperditions qu'il prévient, le fumier employé frais présente certains avantages importants. S'il convient moins aux terres légères que le fumier consommé, s'il agit moins promptement que ce dernier et s'enterre avec plus de peine, en revanche, il réchauffe davantage le sol, il se laisse mieux diviser et répartir plus également; il provoque avec plus d'énergie la levée des mauvaises graines, qualité qui se changerait en défaut si on l'appliquait directement aux céréales, au lieu de le porter, en cet état, sur les récoltes sarclées; enfin, par la facilité qu'on a de le transporter directement de l'étable aux champs, il permet de profiter de tous les moments de loisir, et restreint ainsi les temps de presse et de surcharge si fréquents dans les travaux de culture. Toutes les fois donc que la marche de l'exploitation s'y prêtera, loin de craindre d'employer le fumier frais, on se hâtera de le conduire aux champs dans cet état; la pratique, d'accord ici avec la théorie, confirme pleinement l'utilité d'un semblable procédé. Malheureusement il n'est pas toujours applicable; aussi la plupart des cultivateurs conservent-ils leurs fumiers en tas pendant un temps plus ou moins long; heureux, quand ils ne les enfouissent dans le sol qu'a demi consommés!

Le fumier conduit aux champs y reste quelquefois étendu à la surface sans être enfoui : c'est ce qu'on appelle fumer en *couverture;* le plus souvent cependant, on l'enterre peu de temps après l'avoir transporté.

Lorsque le climat n'est pas excessivement pluvieux, que le terrain n'est pas trop en pente et que le fumier n'est pas assez avancé dans sa décomposition pour répandre une forte odeur ammoniacale, il n'y a aucun inconvénient à le laisser, même pendant quelque temps, répandu à la surface du sol. Contrairement à une opinion très-accréditée, il ne perd pas de sa valeur par son exposition prolongée au contact des agents atmosphériques; il n'éprouve aucune déperdition sensible, quand il a été appliqué frais ou qu'il a été bien préparé, et que ses principes volatils ont été fixés par une addition de plâtre.

Étendu à la surface du sol, ses parties solubles pénètrent dans la couche arable à l'aide de la pluie et profitent aux plantes de même que si on l'avait enfoui par le labour. Les fumiers en couverture sont un excellent moyen d'appliquer l'engrais aux terrains légers qui ne veulent pas être soulevés, et de compléter une dose insuffisante de fumier. On les applique ordinairement aux semailles, peu de temps après qu'elles ont été faites, ou bien aux plantes déjà en végétation ; les prairies sont toujours fumées de cette manière : on leur donne alors le fumier à l'automne.

La méthode générale d'enterrer le fumier par le labour, peu de temps après l'avoir conduit aux champs, doit être préférée pour les sols argileux et pour les climats secs et chauds.

Quel que soit du reste celui de ces deux procédés qu'on adopte, il est de la plus haute importance de bien diviser le fumier et de le répartir aussi également que possible à la surface du sol. La plupart des cultivateurs ont la mauvaise habitude de laisser longtemps le fumier par petits tas dans les champs avant de le répandre.

Exposé ainsi aux intempéries de l'atmosphère, il se détériore; une partie de ses sucs s'infiltre dans le sol, au-dessous des tas, et il en résulte une fumure inégale pour le reste de la pièce; les récoltes alors sont exposées à verser sur les points où l'on a accumulé une trop forte dose d'engrais, tandis qu'ailleurs elles sont maigres et chétives.

Le fumier, soit frais, soit consommé, doit toujours être enterré par un labour superficiel.

La quantité de fumier à donner au sol dépend de la nature du terrain, de l'état où il se trouve et des récoltes auxquelles on l'applique. Les terrains argileux supportent une plus forte fumure que les terres légères; on se trouve bien de leur appliquer tout d'un coup une forte dose d'engrais et d'y revenir moins souvent. C'est le contraire pour les terrains légers : il vaut mieux diminuer la force des fumures et y revenir souvent. Plus le sol est appauvri, plus il réclame de fumier. Les sols argileux complétement épuisés exigent beaucoup de temps et d'avances en fumier pour être ramenés à un bon état de fertilité; l'influence des engrais s'y fait à peine sentir dans les premières années quand ils ont été réduits à cette extrémité; en revanche, leur fertilité, une fois acquise, se conserve longtemps quand on sait l'entretenir par un système judicieux de culture.

4. ENGRAIS MINÉRAUX.

Les engrais minéraux dont l'agriculture fait le plus souvent usage sont les cendres et le plâtre; la plupart des auteurs modernes rangent encore dans cette catégorie la marne et la chaux, comme éléments servant à la nutrition des plantes; mais ces substances, auxquelles la végétation emprunte réellement une partie de son alimentation, ayant pour effet principal de modifier les propriétés physiques du sol, on est autorisé à les envisager plus spécialement comme amendements et à ne les faire figurer parmi les engrais que comme remplissant un rôle important dans la fabrication des composts.

a. Cendres.

Les cendres constituent un engrais fort estimé; les plus employées en agriculture sont les cendres lessivées et les cendres de tourbe.

Les cendres lessivées, bien que dépouillées de leurs principes fertilisants les plus actifs, n'en sont pas moins un engrais précieux; leur qualité dépend de la nature des plantes dont elles proviennent et surtout de l'usage industriel auquel elles ont servi : les cendres de savonnerie sont celles qui ont le plus de valeur.

Les cendres ne produisent tout leur effet que sur les terrains qui se souviennent encore du fumier d'étable; sur les sols complétement appauvris, leur action est à peine sensible; on les emploie avec un égal avantage sur les prairies et dans les terres arables; elles conviennent surtout dans les pays froids et humides. On les dépose par petits tas sur le sol, comme pour la chaux; on les répand ensuite à la pelle et on les enterre par un labour superficiel. On les applique ordinairement dans la proportion de 40 à 50 hectolitres par hectare. Leur action se fait sentir pendant plusieurs années.

Les cendres de tourbe ne contiennent pas de potasse; sous ce rapport elles sont inférieures aux cendres de savonnerie; elles n'en sont pas moins d'un emploi fort avantageux pour le cultivateur quand elles proviennent de tourbes de bonne qualité et dont la combustion s'est opérée lentement. La bonne cendre de tourbe se reconnaît à sa blancheur et à sa légèreté; d'après Schwertz, l'hectolitre ne doit pas peser plus de 50 kilogrammes.

La cendre de tourbe produit de très-bons effets sur le lin et particulièrement sur le trèfle dont elle développe fortement la végétation. On l'applique avec succès aux terrains argileux dans une proportion plus forte que pour les cendres lessivées.

Les cendres de toute nature produisent d'autant plus d'effet qu'on alterne leur emploi avec celui du fumier d'étable. Répandues sur les prairies, elle ont surtout pour résultat d'en chasser la mousse et de favoriser la croissance des diverses espèces de trèfle, de lotier et autres plantes fourragères de bonne qualité ; mais ce changement ne s'opère qu'autant que la prairie ne souffre pas de la présence d'eaux stagnantes et qu'on l'a préalablement assainie avant de lui appliquer l'engrais.

b. Plâtre.

Le plâtre est un des engrais minéraux le plus employés sur les prairies artificielles ; il en double parfois la récolte.

La cuisson n'ajoute rien à ses qualités, il peut être employé indifféremment cuit ou cru ; mais, pour que son action soit efficace, il faut qu'il soit bien pulvérisé. La qualité du plâtre dépend de son degré de pureté.

D'après de nombreuses expériences, le plâtre ne produit pas d'effet sur les terrains bas et humides ; en revanche, il agit énergiquement sur les terrains secs et chauds, et d'autant mieux que le sol se trouve en meilleur état de fertilité.

Le plâtre ne peut, en aucune sorte, remplacer,

d'une manière continue, le fumier d'étable; ses effets sont limités à un petit nombre de plantes, telles que le sainfoin, la luzerne, les vesces, le trèfle, le colza, la navette.

Le plâtre se répand à la volée dans des proportions qui varient entre 200 et 400 kilogr. par hectare; tantôt, et c'est le cas le plus ordinaire, on le répand en une seule fois, en choisissant un temps calme au printemps pour le semer sur les plantes en végétation; tantôt on l'applique directement au sol en deux fois : on répand la première moitié de la dose en hiver sur le sol nu, et l'autre moitié au printemps sur les plantes en végétation.

c. Composts.

La chaux, la marne, mêlées par couches avec des débris de toute nature, sont les substances minérales qu'on emploie le plus communément dans la préparation des composts; indépendamment des propriétés fertilisantes qu'elles leur communiquent, elles agissent sur eux d'une manière utile en mettant la masse entière en fermentation, en accélérant sa décomposition et en neutralisant les principes acides qu'elle contient.

Tout ce qui est susceptible d'être transformé en engrais, comme les mauvaises herbes provenant des sarclages, les curures des fossés, les boues des villes, les vidanges des étangs, la tourbe, les balayures de cour, les gazons, les bruyères, les débris des animaux, etc., peut entrer dans la formation des composts.

On stratifie ces différentes matières en alternant, autant que possible, les substances terreuses avec les débris de végétaux ou d'animaux, et on les arrose de temps en temps avec de l'eau ou, mieux encore, avec du purin.

Lorsqu'on introduit la chaux dans un compost, il faut user d'une grande circonspection, l'employer concassée, et avoir soin de ne la mettre en contact qu'avec des matières d'une décomposition difficile ; appliquée directement à des matières qui se putréfient aisément, elle y exciterait une fermentation violente et occasionnerait une perte d'engrais. L'usage irraisonné de mêler de la chaux avec les fumiers d'étable doit être abandonné par les mêmes motifs; cette addition leur est plus nuisible qu'utile.

On peut donner au compost la même hauteur et la même disposition qu'au tas de fumier. Dès qu'on suppose que toutes les matières ont eu le temps de se décomposer, ce qui a lieu tantôt au bout de six mois, tantôt au bout d'une année, on retourne le compost et on le brasse en tous sens, afin d'opérer un mélange complet de toutes ses parties. Cela fait, on le conduit sur les champs et on l'épand avec soin à la surface du sol sans l'enterrer : il convient particulièrement aux prairies.

Les composts, trop vantés par les uns, trop décriés par les autres, occasionnent des frais de main-d'œuvre dispendieux par suite de leur manipulation; ils ne sauraient, en aucune façon, être comparés au fumier d'étable comme moyen régulier de fumure, ils n'en sont qu'un utile auxiliaire. C'est un moyen de mettre à profit, comme engrais, une foule de débris qui, sans les composts, seraient perdus pour l'agriculture; ramenés à cette valeur, ils méritent toute l'attention du cultivateur. On devrait en former tous

les ans une certaine quantité, car, dans l'ordre
ordinaire des choses, on est rarement assez riche
en fumier pour ne pas chercher à utiliser tout ce
qui peut contribuer à maintenir le sol en bon
état de production et à accroître sa fertilité.

INSTRUMENTS ARATOIRES.

1. De la charrue. — 2. Du labour. — 3. De la herse — 4. Du rouleau. — 5. De la houe à cheval. — 6. Du buttoir. — 7. De l'extirpateur. — 8. Du scarificateur. — 9. Des semoirs. — 10. Moissonneuses, faucheuses et râteaux à cheval.

On a corrigé les défauts du sol; l'équilibre entre ses parties constituantes a été rétabli, grâce aux amendements; il se trouve débarrassé de tout excès d'humidité; on n'a plus à craindre que ces vices primitifs réagissent sur la marche de l'exploitation : le sol a été fumé, le moment est venu de le soumettre à la culture.

Cultiver le sol, c'est le faire passer par une série d'opérations mécaniques qui ont pour but principal de l'aérer, de l'ameublir, de détruire les mauvaises herbes, d'enfouir les engrais, d'enterrer la semence et de protéger les plantes contre l'action du froid, du vent ou de la sécheresse.

Les principaux instruments employés à la culture du sol sont : la charrue, la herse, le rouleau, le scarificateur, l'extirpateur, la houe à cheval, le buttoir et le semoir.

1. DE LA CHARRUE

La charrue est un instrument qui a pour objet de séparer une bande de terre, de la détacher et de la renverser, de sorte que la partie inférieure de la tranche séparée par la charrue soit amenée à la surface du sol. Elle se compose des pièces suivantes :

1° Le *coutre*, espèce de couteau destiné à couper perpendiculairement la bande de terre qui doit être renversée. Il fraye le passage au soc et est placé un peu en avant de cette pièce qu'il tend à maintenir dans une position toujours égale. Le coutre contribue à bien engager la charrue dans le sol et, dans la ligne de son mouvement, à lui donner une marche régulière. La pointe du coutre doit être dirigée en avant, à sept ou huit millimètres en dehors de la face gauche du corps de la charrue, de manière que son tranchant ne forme pas une ligne verticale, mais une ligne oblique; le coutre, en effet, agit avec plus d'énergie de biais que lorsqu'il est placé perpendiculairement. Voilà pourquoi les coutres brisés sont préférables aux coutres droits; leur lame inclinée soulève et pousse les divers obstacles qu'elle rencontre dans sa marche; elle donne à la charrue une légère tendance à entrer en terre et contre-balance ainsi l'action des traits qui tendent à soulever l'instrument.

L'action du coutre n'est pas indispensable dans un labour superficiel ni dans les terres sablonneuses; on le supprime dans les sols très-pierreux.

2° Le *soc*, qui détache horizontalement la bande de terre et commence à la soulever lorsque la charrue est bien construite. Sa longueur doit être proportionnée à sa largeur. Dans le rechaussage d'un soc, il faut avoir soin que sa pointe soit placée comme si cette pièce était neuve, c'est-à-dire, légèrement en dehors du corps de charrue.

3° Le *versoir*, partie caractéristique de la charrue, soulevant et renversant, après l'avoir fait tourner sur elle-même, la bande de terre coupée par le coutre et le soc. C'est sur le versoir que porte la plus grande résistance, parce que le poids de la terre détachée par le coutre et le soc pèse sur lui jusqu'à ce qu'elle ait dépassé son extrémité. La construction du versoir exerce une grande influence sur la marche de la charrue. Plus tôt le versoir se débarrasse de son cube de terre, plus tôt la charrue se trouve allégée : on obtient plus complétement ce résultat avec des versoirs contournés qu'avec des versoirs à surface plane. Au moyen des premiers, la bande de terre, en glissant sur le soc et le versoir, s'élève et tourne sur son axe, lorsque le mouvement est imprimé à moitié ; la bande de terre touche à peine la charrue, son propre poids l'entraîne du côté opposé, il suffit alors d'une légère action de la partie postérieure du versoir pour la renverser.

Dans le plus grand nombre des charrues le versoir est fixe et placé généralement à droite. Mais dans certaines charrues, appelées charrues *tourne-oreille*, le versoir est mobile et peut être placé alternativement à droite ou à gauche du sep; il permet de jeter la terre toujours du même côté. Ainsi, lorsque le premier sillon est formé par la bande de terre renversée à droite, le laboureur, au lieu de revenir à son point de départ sans travailler, pour donner le deuxième trait de charrue, place le versoir du côté opposé et trace le second sillon en l'appuyant sur le premier; de même pour les sillons suivants. Avec les charrues tourne-oreille le terrain est labouré complétement à plat, chaque trait de charrue comble la raie ou le vide laissé par le trait précédent : il y a économie de temps. Mais le mécanisme de cet instrument est compliqué; il n'est bien confectionné qu'autant qu'il se compose de deux corps de charrue, dont l'un travaille à droite, et l'autre à gauche. On s'en sert principalement dans les sols dont l'inclinaison rendrait fort difficile l'opération du labour en contre-sens de la pente et oblige, dès lors, à verser les bandes de terre toujours du même côté.

4° Le *sep*, base de la charrue, glissant au fond du sillon en s'appuyant contre la terre non labourée.

5° L'*âge*, *haie* ou *flèche*. On nomme ainsi cette pièce de bois qui reçoit et transmet à la charrue le mouvement de progression qui lui est imprimé par les animaux. Les âges cintrés sont préférables à ceux de toute autre forme; ils se débarrassent ainsi plus facilement de la terre.

6° Les *étançons*, supports unissant le sep à l'âge; dans les bons modèles, l'étançon de devant fait corps avec la charrue.

7° Les *mancherons*, pièces de bois à l'aide desquelles le laboureur engage sa charrue dans le sol et l'empêche de dévier de sa ligne régulière.

Le coutre, le soc, le versoir, le sep, l'âge, les étançons et les mancherons constituent ce qu'on appelle le *corps* de la charrue ou ses parties *actives*. Indépendamment de ces pièces, il en est encore une placée en dehors du corps de charrue et lui servant d'appui, c'est l'*avant-*

train (fig. 32). Cette pièce accessoire est ordinairement représentée par deux roues qui se meuvent autour d'un essieu sur lequel repose l'extrémité de l'âge et où sont attachées les bêtes de trait. Toutes les charrues qui marchent sans avant-train sont désignées sous le nom d'*araires* (fig. 33).

L'avant-train présente les avantages suivants:

Fig. 32. Avant-train.

il empêche l'âge de vaciller; il rend moins sensible l'inégalité du pas des animaux; il assujettit la charrue de telle sorte, qu'elle reste d'elle-même en ligne sans le secours du laboureur; il offre les moyens de donner plus ou moins d'entrure à la charrue, soit en raccourcissant ou en allongeant l'âge, soit en élevant ou en abaissant la sellette; l'avant-train sert encore à faire reprendre sa position à l'instrument lorsqu'un obstacle le détourne ou le soulève; on peut, avec lui, prendre une bande de terre plus mince qu'avec l'araire; il maintient mieux la charrue dans les sols pierreux et dans les labours superficiels, il exige enfin moins d'habileté et d'attention de la part de celui qui dirige l'instrument.

Fig. 33. Araire.

L'avant-train, en revanche, a le grave inconvénient d'augmenter beaucoup la résistance, et, par suite, d'exiger plus d'animaux de trait, d'occasionner une perte considérable de force motrice et d'enlever au laboureur une partie de son action sur sa charrue, lorsque celle-ci fonctionne sur un terrain inégal. Ces défauts sont tels que, partout où l'agriculture est en progrès, on remplace la charrue à avant-train par l'araire, bien que celle-ci exige plus de précision dans sa construction.

Les charrues à avant-train ne se règlent pas de la même manière que les araires.

Pour donner aux charrues à avant-train plus de disposition à entrer en terre, on abaisse l'âge sur son point d'appui, ce qui se pratique à l'aide des trous dont il est percé vers sa partie moyenne; on produit l'effet contraire en élevant l'âge. A l'aide d'un *régulateur*, on augmente ou l'on diminue la largeur de la bande de terre. Pour cela, on change le point où les traits sont fixés à l'avant-train; au moyen des dents du régulateur, le point central des traits et de l'avant-train est transporté, à volonté, plus à droite ou plus à gauche. Dans le premier cas, le soc prend une bande de terre plus étroite; dans le deuxième cas, le soc se trouve tourné plus à gauche, il tend à prendre une bande plus large.

Avec l'araire on donne plus d'entrure à la charrue en élevant le point où les traits son attachés; pour diminuer la profondeur du labour, on n'a qu'à baisser le point où les traits sont attachés. Ce régulateur fournit encore à la charrue le moyen de prendre des tranches plus ou moins larges, suivant qu'on attache la volée plus à droite ou plus à gauche.

Toute charrue, soit araire soit avant-train, doit réunir les conditions suivantes pour être bonne :

1° Il faut que la charrue soit simple, c'est-à-dire composée des seules pièces nécessaires;

2° Qu'elle donne le moins de tirage possible;

3° Que le soc soit plat et tranchant;

4° Que le versoir renverse la bande de terre, de sorte que celle-ci forme, avec la surface du sol un angle de 40 à 50 degrés, et que le fond de la raie soit bien évidé;

5° Que la charrue puisse être réglée de manière à faire des sillons plus ou moins larges et plus ou moins profonds.

La charrue la plus parfaite est celle qui atteint le mieux le but du labour en exigeant le moins de dépense de forces de la part de l'homme qui la conduit et des animaux qui la tirent.

Les meilleures charrues dont on fasse usage au-

jourd'hui sont les charrues Howard, Ransomes
(fig. 34) Dombasle, Bodin, de Grignon, etc.

2. DU LABOUR.

Par le labour on se propose de détacher une
bande de terre d'une largeur et d'une épaisseur
déterminées, et de la renverser de manière qu'elle
soit amenée à la surface sens dessus dessous :
son but subséquent est de rendre le sol assez poreux pour que l'air, l'humidité et la chaleur,
agents essentiels de la végétation, puissent le
pénétrer.

On distingue trois sortes de labour : le labour
à plat, le labour en billons et le labour en planches.

Le labour à plat proprement dit est celui par
lequel le terrain labouré ne présente aucune
trace de billons ni de planches. Il offre certains
avantages.

Le terrain labouré à plat conserve, sur toute
sa surface, une égale répartition de couche arable que les instruments travaillent partout à la

même profondeur. La répartition du fumier s'y

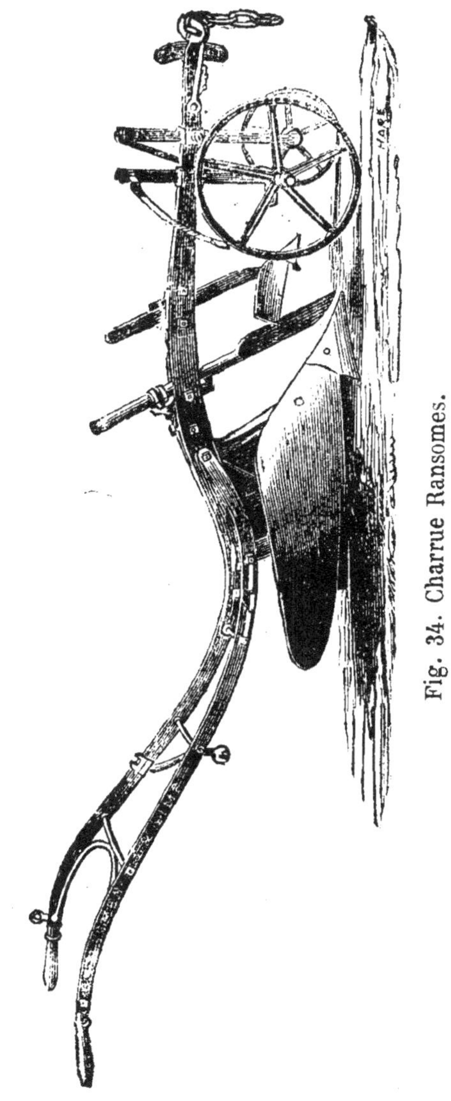

Fig. 34. Charrue Ransomes.

effectue aussi parfaitement que possible et, par

suite, les plantes y végètent uniformément. La semence s'y répartit très-bien. La destruction des mauvaises herbes peut s'y pratiquer à l'aide du hersage. Les opérations du fauchage, du fanage et de la rentrée des récoltes s'y accomplissent avec moins de difficultés que lorsque le terrain a été labouré en billons ou en planches.

Mais le labour à plat proprement dit a le grave inconvénient d'occasionner une perte de temps considérable, par suite des allées et venues d'une extrémité à l'autre du champ, auxquelles le laboureur est nécessairement obligé de recourir quand il ne se sert que d'une charrue à un seul versoir ; aussi, au lieu du labour continu, préfère-t-on généralement, dans la pratique, diviser en *planches* le terrain soumis à l'action de la charrue.

Toutes les fois que les planches ne comportent pas plus de huit sillons, elles prennent le nom spécial de *billons ;* au-dessus de ce nombre, elles conservent le nom de *planches.*

Par le labour en planches et en billons, on adosse les sillons, la moitié dans un sens et l'autre moitié dans un sens opposé. Les billons et les planches peuvent être plus ou moins bombés. L'usage des billons de deux, quatre, six et huit traits de charrue, si fréquents dans beaucoup de contrées, notamment dans le centre de la France, ne se justifie qu'autant que la couche arable a très-peu d'épaisseur et repose sur un sous-sol de mauvaise nature. Il est certain qu'en ouvrant des raies très-rapprochées pour jeter entre elles la terre qu'on en tire, on accumule la terre végétale sur une partie de la surface du champ; on obtient ainsi des produits qu'on n'aurait pas sans cette forme de labour; mais cet avantage, ainsi que la facilité que présentent les billons étroits pour donner les menues cultures, est contre-balancé par de nombreux inconvénients, surtout quand les billons sont élevés. Il faut chaque année défaire et refaire les billons, travail qui exige toute l'habileté du laboureur; les labours et les hersages ne peuvent être donnés que dans le même sens, on ne peut les croiser. Les plantes, dans un sol en billons, souffrent davantage des variations de la température; elles ne jouissent pas également de l'influence du soleil sur les côtés du billon : la végétation prospère au sommet du billon pourvu d'une couche de terre suffisante, et languit sur les épaules du billon qui en sont dégarnies ; les plantes sont exposées à y souffrir de l'humidité et, dans tous les cas, y restent chétives.

Ce n'est pas tout : l'engrais est réparti inégalement sur les billons, la semence s'y distribue mal et ne peut être enterrée uniformément ; le sarclage et le buttage ne peuvent s'y effectuer qu'à la main. Le travail de la faux y éprouve d'autant plus de difficultés que les billons sont plus relevés ; par des temps pluvieux, les récoltes sont plus exposées à être avariées. Enfin, la multiplicité des rigoles qui séparent chaque billon entraîne une perte de terrain considérable et sans profit pour l'assainissement du sol. En effet, bien que le grand nombre des rigoles, inévitable dans la culture à billons, paraisse, au premier abord, le meilleur moyen de débarrasser le sol de son humidité surabondante, il ne constitue en réalité qu'un remède insuffisant, lorsqu'on a à lutter contre une forte humidité. Ces rigoles suivent nécessairement la direction des billons. Or, pour peu que le terrain présente diverses inclinaisons à sa surface, les rigoles, invariablement dirigées dans le sens des billons dont elles sont ici une partie intégrante, ne suivent pas les différents contours du champ, elles restent parallèles aux billons et contribuent bien moins efficacement à l'écoulement des eaux surabondantes que les rigoles spéciales tirées à travers un terrain labouré à plat ou divisé en planches peu ou point bombées et suivant toutes les sinuosités du sol, pour procurer son assainissement.

Par suite des graves inconvénients qu'ils présentent, les billons ne doivent donc pas être considérés comme un système de culture; c'est un mode exceptionnel de labour auquel il convient de recourir lorsque la couche arable a très-peu d'épaisseur et repose sur un mauvais sous-sol; dans les cas ordinaires, il vaut mieux adopter le labour en planches.

Cette forme de labour laisse le terrain presque à plat, lorsqu'on a soin d'*endosser* et de *refendre* alternativement et à une égale profondeur, en d'autres termes, lorsqu'on change les sillons de place, le centre de chaque planche devenant l'emplacement de la rigole au labour suivant. Pour cela faire, on commence par renverser dans la rigole les sillons qui la bordaient de chaque côté; on jette successivement, les unes sur les autres, les bandes de terre formant les deux moitiés de deux planches voisines pour en composer une nouvelle planche; parvenu au milieu de chacune d'elles, on établit la rigole là même où se trouvait l'ancien ados. Ce mode de labour convient à toutes les récoltes et à tous les sols. On peut, par cette disposition, donner aux rigoles d'écoulement la direction la plus propre à évacuer les eaux, et les multiplier partout où le besoin s'en fait sentir. Toutefois, si l'on avait affaire à un sol très-argileux ou mouilleux, un léger bombement donné aux planches, loin d'être nuisible, serait utile en ce que, sans apporter aucun obstacle à la direction des rigoles et sans contrarier en rien les diverses opérations de la culture, il donnerait au sol la facilité de se ressuyer plus vite, circonstance fort importante quand les travaux pressent dans une exploitation d'une certaine étendue.

La largeur de la bande qu'on doit prendre en

labourant dépend de la nature du sol et du résultat qu'en veut atteindre.

Plus le sol est argileux, plus les bandes doivent être étroites ; de cette manière elles se divisent et s'ameublissent mieux ; il faut toutefois qu'elles aient une certaine épaisseur. Si les bandes de terre argileuse étaient minces et larges, elles se renverseraient à plat, l'atmosphère et les instruments auraient ainsi moins d'action sur elles.

Également, les bandes doivent être d'autant plus étroites que le labour est plus profond ; des bandes larges et épaisses se renversent mal et fatiguent considérablement les attelages.

Si le terrain est sablonneux, peu importe que le bande de terre soit large ou étroite ; il en est de même lorsqu'on laboure superficiellement.

Par labour superficiel, on entend, dans la pratique, celui qui ne descend pas à plus de 10 à 12 centimètres ; le labour moyen est celui par lequel la charrue pénètre de 12 à 20 centimètres dans le sol ; sous le nom de labour profond, on comprend tout labour qui a de 20 à 32 centimètres de profondeur : au delà, c'est un labour de défoncement.

La profondeur du labour se mesure dans la raie ouverte par la charrue, au bord de la terre que l'instrument n'a pas attaquée.

La profondeur du labour est déterminée par diverses considérations. Rigoureusement parlant, pour que le labour réponde aux exigences des plantes, il suffit que le terrain soit remué jusqu'à la profondeur à laquelle atteignent leurs racines. Certaines plantes agricoles n'étendent leurs racines qu'à la superficie du sol et dans une direction horizontale ; d'autres sont munies de racines pivotantes et s'enfoncent verticalement à une grande profondeur. Les premières, telles que les céréales, pourront se contenter de labours moyens ou même superficiels ; les secondes, comme les carottes, certaines variétés de betteraves et surtout la luzerne, le sainfoin, etc., ne prospèrent complétement que lorsqu'elles peuvent s'enfoncer dans un sol profondément ameubli : les labours profonds leur sont, sinon tout à fait indispensables, du moins fort utiles. On ne peut donc assigner aux labours une profondeur uniforme par rapport aux plantes ; cette profondeur varie nécessairement suivant les différentes espèces de végétaux qu'on veut cultiver.

La constitution du sol est encore un élément important d'appréciation pour régler la profondeur du labour.

A part la circonstance particulière où la couche arable, trop superficielle, reposant sur un sous-sol ingrat, ne doit pas être remuée au delà de son épaisseur, sous peine d'être détériorée, il y a toujours avantage, dans les labours proprement dits [1], à substituer des labours profonds aux labours superficiels, malheureusement trop usités en France.

On sait que les terrains dont la couche arable est épaisse l'emportent, toutes choses d'ailleurs égales, sur ceux dont la couche arable est super-

1. Nous ne comprenons pas ici dans la catégorie des labours ordinaires les opérations qui ont pour but d'ameublir la superficie du sol, d'enfouir le fumier et, dans les sols très-sablonneux, d'enterrer la semence avec la charrue ; pour les premières, la herse et le scarificateur sont les meilleurs instruments qu'on puisse employer ; pour les autres, il faut nécessairement recourir à un labour superficiel.

ficielle ; des terrains remués profondément par la charrue jouissent des mêmes avantages. Ils souffrent moins de l'humidité et de la sécheresse que ceux labourés superficiellement. Ils absorbent une quantité d'eau proportionnelle à la profondeur à laquelle la charrue a pénétré ; leur surface souffre ainsi beaucoup moins de l'humidité dans les temps pluvieux, et, quand la sécheresse se fait sentir, l'eau contenue dans le sol comme dans un réservoir à l abri du soleil et du vent, remonte par degrés et fournit à la végétation la fraîcheur dont elle a besoin. Enfin, dans les terrains labourés profondément, les plantes étendent plus librement leurs racines ; elles résistent mieux aux variations de la température ; elles se développent mieux et sont moins sujettes à verser. Les labours profonds sont donc très-utiles, soit qu'on se propose d'augmenter l'épaisseur de la couche arable lorsqu'elle n'a pas assez de profondeur, soit qu'on veuille la maintenir lorsqu'elle a suffisamment d'épaisseur. En règle générale, la couche arable doit être remuée de temps en temps dans toute son épaisseur et exposée à l'influence de l'air pour conserver ses qualités ; elle finirait par perdre ses avantages si on se contentait de lui donner des labours superficiels. En effet, indépendamment de la disposition à se *reprendre*, propre à toute espèce de sol contenant de l'argile, l'action réitérée du sep lisse le fond de la raie à la même profondeur et le corroie de manière à le rendre compacte et à fermer aux couches inférieures toute communication avec l'atmosphère : il s'établit ainsi un sous-sol artificiel qui bientôt prend tous les caractères d'un véritable sous-sol et restreint d'autant plus la couche arable qu'il est plus rapproché de la surface.

Lorsque le sol a peu de fond, on peut employer deux procédés pour augmenter sa couche arable. Le premier et le plus généralement employé, consiste à ramener peu à peu à la surface une portion du sous-sol, en n'attaquant chaque fois qu'une couche de terre très-mince ; le second consiste au contraire à descendre tout d'un coup à une grande profondeur dans le sol, à le défoncer.

L'approfondissement du sol, tout avantageux

qu'il soit, exige une grande prudence; il ne doit
être entrepris que si l'on a les ressources nécessaires pour supporter des avances de fonds considérables et si l'on dispose d'une masse de fumier plus grande que ne l'exigent les besoins
ordinaires de l'exploitation. L'application de ce
dernier principe est d'autant plus rigoureuse
que les qualités du sous-sol répondent moins à
celles de la couche arable. Si le sous-sol est
d'excellente nature, il suffira parfois de l'exposer pendant quelque temps aux influences atmosphériques pour lui communiquer une partie des
qualités de la couche arable; mais si le sous-sol
est d'une nature inférieure, ce qui a lieu dans
la plupart des cas, il est alors indispensable de
fortifier l'action de l'atmosphère par une application d'engrais; faute de ce secours, le sol
serait appauvri, et loin d'avoir fait une économie en épargnant le fumier, on serait bientôt
obligé de fumer très-énergiquement pour rétablir l'équilibre de fécondité entre toutes les parties du sol actif. Quelque soin, du reste, qu'on
prenne, il est bien rare, lorsqu'on a augmenté
la couche arable en ramenant à la surface une

couche de terre empruntée au sous-sol, de ne pas éprouver pendant quelques années une diminution de produits. En général, il faut que la nouvelle terre ait passé par plusieurs fumures avant d'arriver au même degré de fertilité que l'ancienne couche arable ; c'est un sacrifice auquel il faut se résigner quand on veut entreprendre une amélioration de ce genre : la plus-value qu'elle donne au terrain et l'influence durable qu'elle exerce sur les récoltes dédommagent amplement de cette perte temporaire.

Il n'est pas toujours nécessaire, lorsqu'on veut donner plus de profondeur à la couche arable, d'amener tout d'abord une partie du sous-sol à la surface ; il est souvent même préférable, quand on n'est pas riche en fumier, de commencer par ameublir les couches inférieures avant de les mélanger avec la terre arable. Cette opération s'effectue en faisant suivre la charrue ordinaire par une deuxième charrue sans versoir, munie d'un soc convexe, appelée *charrue sous-sol*, *charrue fouilleuse* (fig. 35), qui fouille le terrain sans le retourner : on obtient déjà, par ce moyen, une amélioration notable.

En pénétrant dans ce sous-sol ameubli, l'eau descend plus avant; les engrais s'y infiltrent; les plantes y enfoncent leurs racines et, par là, se défendent mieux contre la sécheresse. Pour assimiler complétement à la couche arable les parties du sous-sol remuées par la charrue sous-sol, il n'y a plus qu'à l'exposer à l'air : les

Fig. 35. Charrue fouilleus .

engrais et les labours feront bientôt une masse homogène du tout.

Dans la plupart des cas, il y a profit à n'approfondir que peu à peu la couche arable; mais c'est surtout lorsque la nature du sous-sol diffère de celle de la couche arable qu'il importe d'observer ce précepte. On s'exposerait à un double inconvénient en ramenant tout d'un coup à la surface du sol une grande quantité de terre neuve. D'une part, on aurait beaucoup de peine à mêler convenablement la portion du sous-sol extraite avec la couche arable, condition indispensable pour le succès des récoltes; de l'autre, on enfouirait à une grande profondeur la vieille couche arable qui possède les éléments de fertilité nécessaires à la nutrition des plantes, et l'on frapperait ainsi d'improduction le terrain pendant plusieurs années. Plus le sous-sol est argileux, moins il faut en amener à la fois à la surface; l'approfondissement peut être conduit plus énergiquement si l'on agit sur un terrain sablonneux ou une terre d'alluvion de consistance moyenne.

Le moment le plus favorable pour labourer le sol dépend de l'état du terrain et du but qu'on se propose. Lorsque le terrain est trop sec, le labour est rendu très-pénible et le sol argileux, au lieu de se diviser en tranches égales, se déchire en mottes de diverses grosseurs.

Le labour, dans un terrain humide, a pour effet de fatiguer beaucoup les attelages; les bandes de terre deviennent très-adhérentes, elles se durcissent extrêmement en séchant et ne se divisent plus qu'en grosses mottes qu'il est difficile de briser; en outre, les semences des mauvaises herbes s'y conservent jusqu'à ce que l'ameublissement ultérieur du sol leur permette de lever.

Ces inconvénients se font sentir avec d'autant plus de force que le terrain contient plus d'argile; ils sont surtout à redouter dans les sols argilo-siliceux, parce que la gelée et les autres circonstances atmosphériques n'ont que très-peu de prise sur eux : labourés à contre-temps, ces terrains sont plus difficiles à ameublir que si on n'y avait pas mis la charrue, aussi ne doit-on les travailler que lorsqu'ils sont complétement ressuyés.

Lorsqu'on a principalement pour but d'ameublir le sol, c'est aux labours d'hiver qu'il faut recourir si le terrain contient du carbonate de chaux; la gelée vient alors en aide au cultivateur; elle pulvérise le sol aussi bien que le meilleur des instruments et le laisse dans un état parfait d'ameublissement au printemps. Mais, si on a surtout en vue la destruction des mauvaises herbes, le moment le plus favorable pour donner le labour varie suivant le genre des mauvaises herbes qu'on a à combattre.

Les mauvaises herbes sont de deux sortes principales : les unes, annuelles ou bisannuelles, se reproduisent par leurs graines ; telles sont les sanves, le coquelicot, le chrysanthème des moissons, la nielle, le bluet, les camomilles, le raifort sauvage, la folle-avoine, la centaurée solsticiale, la chausse-trape, etc. Les autres sont vivaces et se propagent surtout par leurs racines ; à cette catégorie appartiennent le chien-dent, l'agrostide traçante, l'avoine à chapelets, etc.

Les semences des mauvaises herbes annuelles lèvent très-bien dans un sol ameubli à la profondeur de 5 à 6 centimètres par la herse et le scarificateur ; on les détruit en les culbutant par le labour lorsqu'elles sont en végétation, en ayant soin de ne pas attendre le moment de leur fructification pour cette opération. On peut aussi en débarrasser le sol en mettant le feu aux chaumes après la moisson.

Les mauvaises herbes vivaces, qui se multiplient surtout par leurs racines, ne peuvent être détruites par les mêmes moyens. C'est en brisant fréquemment leurs jeunes pousses et en exposant leurs racines au soleil qu'on parvient à les extirper. Cette opération exige la plus grande attention. Il faut bien se garder, dans ce cas, de labourer par un temps humide ou lorsque le sol est encore frais; loin de détruire les mauvaises herbes à racines traçantes, on ne ferait que les multiplier davantage : les labours, dans ce cas, doivent être superficiels et donnés, en été, par des temps de sécheresse. On ne doit les faire suivre du hersage que lorsque les racines des plantes sont bien desséchées : cette opération, très-délicate, mérite toute l'attention du cultivateur; dans certains sols, lorsque la température est contraire, elle présente des difficultés si grandes, qu'il est parfois impossible de la mener à bonne fin sans recourir à la jachère.

On comprend sous le nom de *jachère* la série des préparations qu'on fait subir à la terre, laissée alors improductive, pour la disposer à recevoir des récoltes.

Le principe dominant dans la jachère est de

ne point permettre aux mauvaises herbes de se multiplier. Le nombre des labours qu'elle doit recevoir dépend de leur exécution et varie suivant que la température favorise plus ou moins le nettoiement du sol et son ameublissement.

Beaucoup de cultivateurs, en abordant la jachère, cherchent souvent à concilier deux choses inconciliables : ils voudraient purger leurs champs des mauvaises herbes et ils veulent en même temps ménager une pâture à leurs troupeaux en ne rompant le sol que vers la fin du printemps; il s'ensuit que la terre reçoit une préparation incomplète et donne un maigre pâturage. La pâture a besoin de repos pour que le sol se couvre d'herbes. La jachère, au contraire, n'admet pas de repos et doit tenir le terrain parfaitement net; les demi-mesures, ici, sont loin d'être économiques, et l'on ne doit pas perdre de vue qu'il s'agit d'une opération dont l'influence se fera sentir pendant plusieurs années. Dès qu'on est resolu à recourir à la jachère, il faut commencer par déchaumer, c'est-à-dire ameublir le sol par un coup d'extirpateur ou de scarificateur, afin de faire germer les graines des mauvaises herbes tombées à la surface du sol. Quand elles sont bien levées, avant qu'elles soient en fleur et surtout en graine, on donne un labour qui pénètre jusqu'au fond de la couche arable, et on laisse la terre ainsi labourée jusqu'à la fin de l'hiver. Au printemps, les travaux les plus pressants étant terminés et lorsque les mauvaises herbes ont reparu à la surface du sol, on donne un hersage suivi, bientôt après, du deuxième labour. Dans le courant de l'été, on en donne un troisième; celui-ci est encore suivi d'un quatrième labour, vers la fin de l'été, c'est-à-dire qu'il précède de six semaines environ l'époque de la semaille. Dans l'intervalle de chaque labour on a soin de faire passer la herse ou l'extirpateur : les mauvaises herbes annuelles ne résistent guère à ces diverses façons. Lorsqu'il s'agit de mauvaises herbes vivaces, les labours d'été doivent être plus répétés; leur nombre, ainsi que pour toute espèce de labours, importe moins que leur opportunité et la manière dont ils sont effectués.

La jachère, trop vantée par les uns, trop décriée par les autres, est le procédé le plus dispendieux qu'on puisse employer pour préparer le sol; car, outre les labours multipliés qu'elle exige, elle entraîne le sacrifice d'une récolte, et le produit immédiat qu'on en retire doit supporter deux années d'intérêt. Mais elle n'est pas toujours d'une nécessité absolue; elle ne doit pas revenir à des époques périodiques comme on le croit trop communément; il faut la considérer comme un moyen énergique d'ameublir certains sols tenaces ou de nettoyer un champ envahi par les mauvaises herbes. Ainsi comprise et surtout bien pratiquée, la jachère est souvent le moyen le plus économique d'obtenir le double résultat du nettoiement du sol et de son ameublissement; elle permet de substituer, par la suite, à la *jachère complète*, des *demi-jachères*, qui n'occupent la terre que pendant une partie de l'année et s'effectuent avant ou après une récolte; elle aide enfin à les supprimer entièrement, pour ne plus employer que le moyen ordinaire d'ameublir et de purger le sol à l'aide des récoltes sarclées.

Le sol ne doit être retourné complétement

dans toute sa couche arable qu'une seule fois entre chaque récolte. Cet unique labour profond doit suffire dans la plupart des cas, lorsqu'on n'a pas à lutter contre une température tout à fait contraire ; les cultures subséquentes se font alors à l'aide de la herse, du scarificateur et de l'extirpateur : tout au plus ont-elles besoin d'être aidées d'un ou deux traits de charrue superficiels. Cette règle est surtout applicable aux terres fortes. Le sol argileux, labouré avec soin en automne, s'ameublit par les gelées ; on doit éviter de le labourer derechef au printemps à une grande profondeur, sous peine d'amoindrir les bons effets que l'hiver produit sur les sols de cette nature. La préparation complémentaire du terrain peut très-bien s'effectuer avec le scarificateur ; le sol travaillé par cet instrument au printemps conserve bien mieux sa fraîcheur que lorsqu'on a recours à la charrue.

La bonté du labour dépend des différents buts qu'on se propose par cette opération ; il ne donne de bons résultats qu'autant que la terre est friable et a de la tendance à se diviser ; cet état du sol contribue singulièremeut à la perfection du travail, celle-ci décide souvent de l'abondance et de la qualité des récoltes.

3. DE LA HERSE.

La *herse* (fig. 36) est un instrument dont on se sert pour·ameublir le sol, le mélanger avec

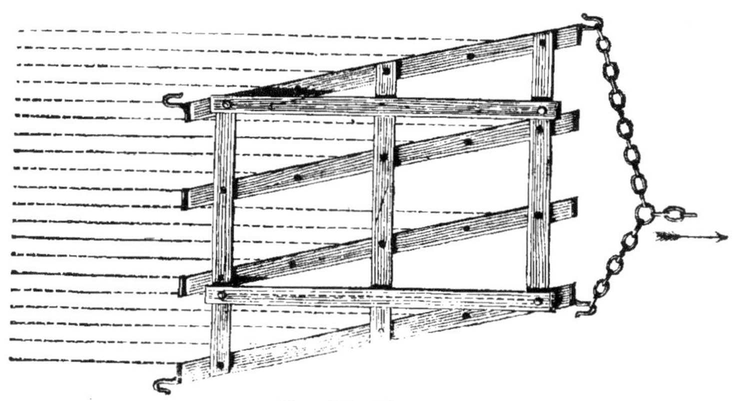

Fig. 36. Herse.

les engrais et les amendements, détruire les mauvaises herbes et recouvrir la semence.

La forme des herses est très-variée; les unes sont carrées, les autres sont triangulaires, à losange, etc. Quelle que soit sa forme, la herse doit remplir plusieurs conditions pour que son travail soit bon. Les dents doivent être placées de manière que les raies qu'elles tracent sur le sol se trouvent à une égale distance les unes des autres; chaque dent doit tracer sa raie particulière et ne pas se confondre avec la raie tracée par une autre dent.

Les dents de la herse sont en bois ou en fer. Les premières peuvent suffire dans les terres légères, mais elles ont l'inconvénient de s'user très-vite; les secondes sont indispensables dans les terrains argileux ; les unes et les autres agissent avec plus d'énergie quand elles sont inclinées en avant que lorsqu'elles sont placées perpendiculairement. Indépendamment de l'inclinaison des dents, leur longueur, le poids de l'instrument et l'allongement des traits des animaux contribuent encore à donner plus de profondeur au hersage. Les dents en fer, pour être solidement fixées dans le cadre et les traverses de la herse, doivent y être assujetties avec des vis à écrous; sans cette précaution, les bois, après un certain temps de service, travaillent, et les dents jouent dans leur mortaise; on est alors exposé à en perdre lorsque l'instrument heurte violemment contre un obstacle.

La herse triangulaire s'attelle à la balance des chevaux à l'aide de deux crochets unis ensemble, dont l'un prend la balance et l'autre la herse au sommet du triangle. Quand on veut tasser et ameublir le sol sans ramener les mottes à la surface, on fait un hersage *arrière-dents*, c'est-à-dire qu'on attelle les bêtes de trait à l'un des angles de la base du triangle ; par ce règlement, l'inclinaison des dents est changée, elles n'ont plus la même tendance à s'enfoncer dans le sol et elles passent sur les obstacles qu'elles rencontrent sans les briser et sans s'engorger. C'est à ce mode de hersage, aidé parfois du rouleau, qu'on a recours pour préparer le sol à recevoir le hersage à *pleines dents* quand l'état du terrain ne permet pas d'agir ainsi tout d'abord.

La herse Valcourt, la meilleure herse à losange qu'on possède jusqu'ici, se règle ordinairement en mettant le crochet au tiers de la chaîne, à partir de l'angle obtus.

Les herses légères, traînées par une seule bête de trait, peuvent être accouplées entre elles en échelonnant les animaux de telle sorte qu'ils se conduisent les uns les autres. Le premier animal est conduit par le charretier, le deuxième est attaché au palonnier du premier, et ainsi de suite : par ce moyen, un seul conducteur peut faire fonctionner plusieurs herses à la fois, disposition très-expéditive. Les herses Howard, accouplées par deux ou par trois, ont l'avantage de laisser passer les pierres et les mottes entre l'intervalle que laissent les deux limons : de cette manière, l'instrument ne *bourre* pas; son travail est aussi parfait que possible.

Le hersage, pour être avantageux, doit être appliqué à propos, c'est-à-dire lorsque le sol est en état de le recevoir. Dans les terres légères, le moment favorable pour herser ne présente guère de difficultés; il n'en est pas de même dans les terres fortes. Si le sol argileux est trop humide, le hersage fait souvent plus de mal que de bien, surtout si l'on a affaire à un sol argilo-siliceux sujet à se battre. Dans cette espèce de sol, il faut savoir saisir le moment où la terre, ni trop sèche, ni trop humide, se laisse facilement attaquer par la herse. Lorsqu'on l'a

rencontrée telle et que la température est favorable, tous les autres travaux doivent céder le pas
au hersage; vingt-quatre heures de retard, sous
un climat chaud, ne permettent plus, parfois, de
mettre la herse dans le champ, et l'on se voit
ainsi forcé de renvoyer l'opération à une époque
incertaine. Dans le midi, on regarde comme indispensable de faire passer la herse le soir même
du jour où l'on a labouré les terres fortes : on
profite ainsi de la friabilité du sol fraîchement
travaillé; la herse l'attaque avec succès, et le
rouleau complète ainsi utilement son action.

4. DU ROULEAU.

Le rouleau convient à tous les sols, mais il
n'agit pas de même sur chacun d'eux. Appliqué
aux terres fortes, il a surtout pour but de briser les mottes; là où le sol est très-tenace, il
est avantageux après avoir fait suivre le labour d'un trait de herse, d'y passer le rouleau et de herser une deuxième fois. Cet
emploi combiné de la herse et du rouleau

est un excellent moyen d'ameublir les sols argileux, motteux; les mottes qu'une première
pression du rouleau n'a pas divisées, se trouvent enfoncées en terre; la herse les reprend
avec énergie et les ramène à la surface : le rouleau achève leur ameublissement. Les sols argileux doivent être roulés lorsque la terre est
bien ressuyée, c'est-à-dire quand elle n'est plus
assez humide pour s'attacher à l'instrument,
mais conserve assez de fraîcheur pour s'écraser facilement. Le rouleau n'est pas moins utile
sur les terres légères ; il leur donne plus de
consistance et y retient la fraîcheur toujours
trop prompte à s'en évaporer. Le rouleau peut
être encore employé avec avantage pour *régaler*
le sol; cette opération rend la semaille plus
égale et facilite plus tard l'action de la faux. Le
rouleau est encore employé avec avantage pour
presser la terre contre la semence, ce qui favorise la germination, et pour raffermir dans le
sol les plantes soulevées par la gelée.

Les rouleaux les plus usités sont construits
en bois; on se sert aussi de rouleaux formés de
disques en fonte ou en fer, connus sous le nom

de *rouleaux-squelettes* (fig. 37); ils sont très-énergiques et conviennent particulièrement aux terres fortes.

Le rouleau a d'autant plus d'action que sa pression s'exerce sur une moindre surface du sol, en d'autres termes, qu'il a moins de longueur et que son diamètre est plus grand. Un rouleau en bois, de 1^m 30 de longueur sur 50 centimètres de diamètre, fonctionne mieux que

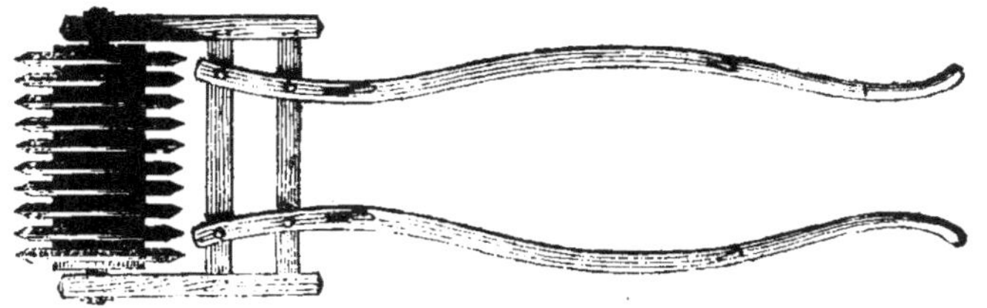

Fig. 37. Rouleau-squelette.

les rouleaux longs et étroits dont on se sert communément. Le meilleur rouleau connu aujourd'hui est le rouleau Croskill, à disques en fer.

5. DE LA HOUE A CHEVAL.

On désigne sous ce nom un instrument agissant à l'aide de socs et de couteaux destinés à détruire les mauvaises herbes et à ameublir la surface du sol : il apporte une grande économie dans le binage des plantes cultivées en lignes, mais il ne dispense pas de recourir au travail à la main pour terminer l'opération, lorsqu'on veut que celle-ci ne laisse rien à désirer.

Les houes à cheval (fig. 38) bien construites

Fig. 38. Houe à cheval.

doivent s'écarter et se rapprocher à volonté, et fonctionner de telle sorte qu'elles ne laissent aucun point.du terrain où elles passent sans être complétement fouillé. L'espace qu'elles embrassent dans leur action varie de 50 à 83 centimètres.

Un régulateur placé à la partie antérieure de l'instrument sert à régler la profondeur du travail.

La houe à cheval n'exige qu'une seule bête de trait ; la quantité de travail qu'elle expédie dé-pend de l'état du sol et de l'écartement des lignes.

Ainsi que pour tous les instruments aratoires, le travail de la houe à cheval n'est avantageux que lorsqu'on a su employer l'instrument à propos. La règle essentielle à observer est d'éviter d'en faire usage lorsque la terre est trop sèche et surtout trop humide, car autant les binages donnés en temps favorable impriment d'activité à la végétation. autant ils peuvent nuire lorsqu'on les applique à contre-temps.

Les binages doivent être répétés autant de fois que le terrain tend à se durcir ou à s'enherber ; la première façon, quand elle a été donnée à propos et qu'elle a été bien faite, facilite beaucoup les binages ultérieurs : on sait par expérience qu'une terre dont la surface est bien ameublie, a beaucoup plus de peine à se serrer, même lorsque la sécheresse se prolonge, qu'un terrain battu et durci à sa surface ; la végétation s'y maintient plus fraîche et plus vigoureuse. Le binage, dans bien des cas, fait l'office d'arrosage.

6. DU BUTTOIR.

Le *buttoir* (fig. 39) consiste essentiellement en
deux versoirs qui peuvent s'écarter ou se rapprocher à volonté. Il a surtout pour objet de porter de
la terre meuble au pied des plantes en les chaus-

Fig. 39. Buttoir.

sant jusqu'à une certaine hauteur ; sous ce rapport, il complète le travail de la houe à cheval
pour les plantes qui ont besoin d'être épaulées.
On s'en sert aussi avec avantage pour nettoyer,
après la semaille, les raies qui séparent chaque
planche, et pour ouvrir des rigoles transversales
destinées à l'écoulement des eaux.

7. DE L'EXTIRPATEUR.

L'*extirpateur* (fig. 40) est un instrument armé de plusieurs socs, qui coupe entre deux terres les plantes qu'il y rencontre et remue le sol à une certaine profondeur, mais sans le retourner. On

Fig. 40. Extirpateur.

s'en sert pour déchaumer lorsque la terre n'est pas trop dure, pour ameublir le terrain, détruire les mauvaises herbes et aussi pour enterrer la semence : il remplace souvent avec avantage la charrue lorsqu'il n'est question que de cultures de 8 à 11 centimètres de profondeur.

L'extirpateur se règle de même que la charrue : en élevant plus ou moins l'âge sur l'avant-train, on détermine la profondeur à laquelle les socs doivent pénétrer dans le sol.

L'extirpateur peut être employé dans tous les terrains ; on y attelle trois ou quatre bêtes de trait, suivant la nature du sol et la profondeur à laquelle on veut le remuer.

Les socs de l'extirpateur sont ordinairement placés sur deux traverses en bois et disposés de telle sorte que rien n'échappe à leur action dans l'espace qu'embrasse l'instrument.

8. DU SCARIFICATEUR.

Le *scarificateur* (fig. 41), appelé aussi griffon dans le midi de la France, est un instrument plus énergique que l'extirpateur. Il en diffère en ce que ses pieds, de formes variées, au lieu de couper la terre horizontalement, la déchirent et la divisent verticalement, à la manière des dents de la herse ou du coutre de la charrue.

Il se règle, comme l'extirpateur, au moyen

de l'avant-train et, de plus, on détermine l'entrure des pieds postérieurs à l'aide des deux roues qui accompagnent le cadre de chaque côté.

Le scarificateur convient dans tous les sols et s'emploie aux mêmes usages que l'extirpateur ; il peut très-bien remplacer cet instrument lorsqu'il s'agit d'ameublir le sol et de détruire les

Fig. 41. Scarificateur.

mauvaises herbes. C'est l'instrument le plus énergique dont on puisse se servir pour le *déchaumage*, opération capitale, qui doit être faite aussitôt la récolte enlevée, et dont le but est de mettre les graines des mauvaises plantes en état de germer promptement pour être détruites ensuite par le premier labour : le soin avec lequel on le pratique exerce une grande influence sur la propreté des terres, et, par suite, sur l'abondance des récoltes.

9. DES SEMOIRS.

Les semoirs sont fort utiles pour répartir les graines des plantes qui demandent à être placées à une certaine distance les unes des autres, dans un ordre et une proportion déterminés.

L'emploi du semoir suppose nécessairement une culture en grande voie de progrès, un sol qui ne soit pas trop accidenté, et surtout un terrain parfaitement préparé.

Les principaux avantages du semoir sont de mettre le grain en terre à une profondeur uniforme, déterminée par la volonté du semeur; de recouvrir parfaitement tous les grains; d'apporter une économie notable dans la semence et de rendre les menues cultures plus faciles. On leur reproche, avec raison, 1° de n'expédier que peu d'ouvrage ou de nécessiter l'acquisition de plusieurs semoirs, ordinairement très-coûteux; 2° d'exiger l'attention soutenue du semeur; 3° de rendre souvent indispensable l'intervention d'un mécanicien quand quelques pièces du semoir viennent à se déranger.

Il existe un grand nombre de formes de semoirs ; mais quel que soit celui qu'on adopte, il n'atteint complétement le but du cultivateur qu'autant qu'il réunit les conditions suivantes :

1° Il doit permettre de rapprocher ou d'écarter à volonté la distance entre les lignes semées ;

2° Il doit répandre la semence uniformément et d'une manière continue, tant qu'il est en marche, et la recouvrir en même temps ;

3° Sa construction doit être assez peu compliquée afin que, quelques pièces venant à se déranger, on puisse le faire réparer par des ouvriers ordinaires ;

4° Enfin, il doit être peu coûteux. Jusqu'ici aucun semoir ne donne la solution complète de ces difficultés : les plus estimés aujourd'hui, en France, sont les semoirs Dombasle, de Grignon et surtout de Jacquet Robillard.

Les semoirs marchent rarement sans *rayonneur* ; cet instrument ouvre plusieurs raies à la fois; il est presque indispensable pour semer en lignes.

10. MOISSONNEUSES, FAUCHEUSES ET RATEAUX A CHEVAL.

La pénurie des bras, d'où résulte nécessairement une main-d'œuvre plus chère, la nécessité de mettre le plus tôt possible en sûreté les récoltes parvenues à leur point de maturité, ont provoqué, dans ces derniers temps, d'utiles inventions pour simplifier le travail de la faux et celui des manouvriers. Quoique les moissonneuses et les faucheuses n'aient pas encore atteint toute la perfection dont elles sont susceptibles, déjà, cependant, elles rendent des services importants dans les grandes exploitations; nul doute qu'avec les progrès incessants de la mécanique, on n'ait un jour des instruments en mesure de satisfaire aux conditions essentielles qu'ils doivent remplir. Leur prix un peu élevé ne doit pas arrêter, car s'ils fonctionnent bien, on ne tarde pas à rentrer dans ses frais d'acqui-

sition ; on dispose, dès lors, de moyens très-énergiques pour accomplir des travaux qui ne comportent pas de retard, et l'on est affranchi, en
partie, des exigences que sont toujours tentés
d'imposer les ouvriers quand ils se croient indispensables.

Le râteau Howard satisfait à tout ce qu'on
peut lui demander ; il fonctionne très-bien, sans
mécanisme compliqué ; il ramasse vite et complétement ce qui reste des récoltes sur le sol.
Son prix, encore trop élevé, l'empêche seul
d'être adopté dans toutes les exploitations de
moyenne et de grande culture.

Tels sont les principaux instruments employés
pour la culture du sol. Dans ces derniers temps,
a mécanique agricole s'est enrichie d'un grand
nombre de machines parmi lesquelles il en est
de véritablement précieuses pour le cultivateur.
S'il est difficile d'indiquer, d'une manière absolue, quels sont les instruments auxquels il faut
donner la préférence, le meilleur laissant toujours quelque chose à désirer, soit par rapport
à sa construction, soit par rapport au prix d'acquisition ou à la dépense de force qu'il exige, on

peut toutefois poser ce principe, qu'en agriculture l'instrument le meilleur est celui qui répond le mieux au but qu'on se propose, et que lorsqu'on a été assez heureux pour en rencontrer de semblables, un prix même un peu élevé n'est pas un motif suffisant pour se priver de l'avantage inappréciable d'exécuter ses travaux de la manière la plus parfaite et la plus économique. Cette acquisition faite, il va sans dire qu'il faut apporter le plus grand soin à la conservation et à l'entretien des instruments. Charrue, herse, extirpateur, etc., devront donc recevoir une peinture à l'huile et être munis d'un traîneau destiné à les conduire aux champs et à les ramener à la ferme; là, on les abritera sous un hangar et on les passera de temps en temps en revue pour s'assurer s'ils sont garnis de toutes leurs pièces : ces soins bien simples, à la portée de tous, contribuent singulièrement à leur conservation.

FIN.

TABLE DES MATIÈRES

FIN DE LA TABLE DES MATIÈRES.

8673. — IMPRIMERIE GÉNÉRALE DE CH. LAHURE

Rue de Fleurus, 9, à Paris

LIBRAIRIE DE L. HACHETTE ET Cie

Boulevard Saint-Germain, n° 77, à Paris.

ÉDITIONS A 1 FRANC LE VOLUME

FORMAT IN-18 JÉSUS.

I. ŒUVRES DES PRINCIPAUX ÉCRIVAINS FRANÇAIS.

Barthélemy : *Voyage du jeune Anacharsis en Grèce dans le ive siècle avant l'ère chrétienne.* 3 vol. *Atlas* dressé pour cet ouvrage. In-8.   1 50

Boileau : *Œuvres complètes.* 2 vol.

Bossuet : *Œuvres choisies.* 5 vol.

Corneille : *Œuvres complètes.* 7 vol.

Fénelon : *Œuvres choisies.* 4 vol.

La Fontaine : *Œuvres complètes.* 3 vol.

Marivaux : *Œuvres choisies.* 2 vol.

Molière : *Œuvres complètes.* 3 vol.

Montaigne : *Essais*, précédés d'une lettre à M. Villemain sur l'éloge de Montaigne, par P. Christian. 2 vol.

Montesquieu : *Œuvres complètes.* 3 vol.

Pascal : *Œuvres complètes.* 3 vol.

Racine : *Œuvres complètes.* 3 vol.

Rousseau (J. J.) : *Œuvres complètes.* 13 vol.

Saint-Simon (le duc de) : *Mémoires complets et authentiques* sur le siècle de Louis XIV et la Régence, collationnés sur le manuscrit original, avec une notice de M. Sainte-Beuve. 13 vol.

Sédaine : *Œuvres choisies.* 1 vol.

Voltaire : *Œuvres complètes.* 35 vol.

II. AUTEURS CONTEMPORAINS.

1° ROMANS.

Arnould (A.) : *Les trois Poëtes.* 1 vol.

Assollant (A.) : *Jean Rosier.* 1 vol. ; — *La mort de Roland.* 1 vol.

Aunet (Mme L. d') : *Étiennette;* — *Silvère;* — *Le Secret.* 1 vol.

Barbara (Ch.) : *L'assassinat du pont Rouge.* 2e édit. 1 vol.

— *Mes petites Maisons.* 1 vol.

Bast (A. de) : *Contes à ma voisine.* 2 vol. Chaque vol. se vend séparément.

— *Les Fresques*, contes et anecdotes. 1 v.

Claveau (A.) : *Nouvelles contemporaines.* 1 vol.

Deslys (Ch.) : *Le Mesnil-aux-Bois;* — *La mère Jeanne.* 1 vol.

— *Les Compagnons de minuit.* 1 vol.

Du Bois (Ch.) : *Nouvelles d'atelier.* 1 vol.

Enault (Louis) : *Christine.* 1 vol.

Forgues (E) : *Le Rose et le Gris.* 1 vol.

Gauthier (Th.) : *Militona.* 1 vol.

Goudall (L.) : *Le Martyr des Chaumelles.* 1 vol.

Laboulaye (Éd.) : *Abdallah, ou le trèfle à quatre feuilles,* conte arabe. 1 vol.

— *Souvenirs d'un voyageur.* 1 vol.

Legouvé (Ern.) : *Béatrix.* 1 vol.

Lennep (J. van) : *La dame de Wardenbourg.* 1 vol.

Marchand-Gerin (Eug.) : *La Nuit de la Toussaint;* — *Il Cantatore.* 1 vol.

Marcoy (P.) : *Souvenirs d'un mutilé.* 1 v.

Masson (M.) : *Les Contes de l'atelier.* 1 v. — *Une Couronne d'épines.* 1 vol.

Monnier (M.) : *Les Amours permises.* 1 v.

Ponson du Terrail : *Le nouveau Maitre d'école.* 1 vol.

Reybaud (Mme Ch.) : *Le Cabaret de Gaubert.* 1 vol.

— *L'Oncle César.* 1 vol.

Rivière (H.) : *Pierrot;* — *Caïn.* 1 vol.

Robert (A.) : *Contes excentriques.* 1 vol.

— *Nouveaux contes excentriques.* 1 vol.

Sand (George) : *André.* 1 vol.

Vilbort (G.) : *Les Héroïnes,* nouvelles polonaises. 1 vol.

Vitu (A.) : *Contes à dormir debout.* 1 v.

Wailly (J. de) : *Henriette;* — *Les Mortes aimées.* 1 vol.

Wailly (L. de) : *Angelica Kauffmann.* 2 v.

— *Les deux filles de M. Dubreuil.* 2 vol.

— *Stella et Vanessa.* 1 vol.

Wey (Fr.) : *Gildas.* 1 vol.

— *Le Bouquet de cerises.* 1 vol.

Yvan (le Dr) : *Légendes et récits.* 1 vol.

2° VOYAGES.

Castella (Hub. de) : *Les Squatters australiens.* 1 vol.
Colet (Mme L.) : *Promenade en Hollande.* 1 vol.
Deschanel (Ém.) : *A pied et en wagon.* 1 vol.
Gérardy-Saintine : *Trois ans en Judée.* 1 vol.
Gobineau (comte A. de) : *Voyage à Terre-Neuve.* 1 vol.
Léouzon-Leduc : *La Baltique.* 1 vol.
Marcoy (P.) : *Scènes et paysages dans les Andes.* 2 vol.
Perron d'Arc (H.) : *Les Champs d'or de Bendigo* (Nouv.-Holl.). 1 vol.

Pichot (A.) : *Les Mormons.* 1 vol.
Piotrowski (Rufin) : *Souvenirs d'un Sibérien.* 1 vol.
Reclus (Él.) : *Voyage à la Sierra-Nevada de Sainte-Marthe.* 1 vol.

3° ŒUVRES DIVERSES.

About (Ed.) : *Nos artistes au Salon de 1857.* 1 vol.
Lasteyrie (Ferd. de) : *Causeries artistiques.* 1 vol.
Révoil : *Chasses dans l'Amérique du Nord.* 1 vol.
— *Pêches dans l'Amérique du Nord.* 1 vol.
Viennet : *Épîtres et Satires.* 1 vol.

III. BIBLIOTHÈQUE DES MEILLEURS ROMANS ÉTRANGERS.

Ainsworth (W. Harrisson) : *Abigaïl,* roman historique tr. de l'angl. 1 vol.
— *Crichton,* tr. de l'angl. 1 vol.
— *La Tour de Londres,* trad. de l'anglais. 1 vol.
Anonymes : *César Borgia, ou l'Italie en 1500,* trad. de l'anglais. 1 vol.
— *Les Pilleurs d'épave,* tr. de l'angl. 1 v.
— *Paul Ferroll,* trad. de l'angl. 1 vol.
— *Violette; Éléanor Raymond.* 1 vol.
— *Whitehall,* tr. de l'angl. 1 vol.
— *Whitefriars,* trad. de l'angl. 1 vol.
Beecher-Stowe (Mrs) ; *La Case de l'oncle Tom,* trad. de l'anglais. 1 vol.
— *La Fiancée du ministre.* 1 vol.
Bersezio (V.) : *Nouvelles piémontaises,* tr. de l'italien. 1 vol.
Bulwer-Lytton (sir Edward) : *OEuvres,* trad. de l'anglais, sous la direction de P. Lorain. 19 vol.
Devereux. 2 vol.
Ernest Maltravers. 1 vol.
Le Dernier des barons. 2 vol.
Le Désavoué. 2 vol.
Les Derniers jours de Pompéi. 1 vol.
Mémoires de Pisistrate Caxton. 2 vol.
Mon roman. 2 vol.
Paul Clifford. 2 vol.
Qu'en fera-t-il? 2 vol.
Rienzi. 2 vol.
Zanoni. 1 vol.
Caballero (F.) : *Nouvelles andalouses,* trad. de l'espagnol. 1 vol.
Cervantès : *Nouvelles,* trad. 1 vol.
Cummins (miss) : *L'Allumeur de réverbères,* traduit de l'anglais. 1 vol.
— *Mabel Vaughan,* traduit. 1 vol.
— *La Rose du Liban,* trad. 1 vol.
Currer-Bell (miss Brontë) : *Jane Eyre,* traduit de l'anglais. 1 vol.

— *Le Professeur,* traduit. 1 vol.
— *Shirley,* traduit. 2 vol.
Dickens (Charles) : *OEuvres,* trad. de l'anglais sous la direct. de P. Lorain. 23 vol.
Aventures de M. Pickwick. 2 vol.
Barnabé Rudge. 2 vol.
Bleak-House. 2 vol.
Contes de Noël. 1 vol.
David Copperfield. 2 vol.
Dombey et fils. 3 vol.
La petite Dorrit. 2 vol.
Le Magasin d'antiquités. 2 vol.
Les Temps difficiles. 1 vol.
Nicolas Nickleby. 2 vol.
Olivier Twist. 1 vol.
Paris et Londres en 1793. 1 vol.
Vie et aventures de Martin Chuzzlewit. 2 vol.
Disraeli : *Sybil,* traduit de l'anglais. 1 vol.
Freytag (G.) : *Doit et Avoir.* 8 vol.
Fullerton (lady) : *L'Oiseau du bon Dieu,* trad. de l'anglais. 1 vol.
Fullon (S. W.) : *La comtesse de Mirantole,* traduit de l'anglais. 1 vol.
Gaskell (Mrs) : *OEuvres,* traduites de l'anglais. 6 vol.
Autour du sofa. 1 vol.
Marie Barton. 1 vol.
Cranford. 1 vol.
Marguerite Hale (Nord et Sud). 2 vol.
Ruth, traduit par M***. 1 vol.
Gerstäcker : *Les deux Convicts.* 1 vol.
— *Les Pirates du Mississipi.* 1 vol.
— *Aventures d'une colonie d'émigrants en Amérique,* traduit de l'allemand. 1 vol.
Goethe : *Werther.* 1 vol.
Gogol (N.) : *Les Ames mortes.* 2 vol.

Grant (J.) : *Les Mousquetaires écossais*, trad. de l'anglais. 2 vol.
Hackländer : *Boutique et Comptoir*, trad. de l'allem. 1 vol.
Hauff (W.) : *Nouvelles.* 1 vol.
— *Lichtenstein*, trad. 1 vol.
Hawthorne (N.) : *La Lettre rouge.* 1 v.
Heiberg (L.) : *Nouvelles danoises.* 1 v.
Hildreth : *L'Esclave blanc.* 1 vol.
Immermann : *Les Paysans de Westphalie*, trad. de l'allem. 1 vol.
James : *Léonora d'Orco.* 1 vol.
Kavanagh (J.) : *Tuteur et Pupille.* 1 vol.
Kingsley : *Il y a deux ans.* 2 vol.
Lennep (J. van) : *La Rose de Dekama*, trad. du hollandais. 2 vol.
— *Les Aventures de Ferdinand Huyck*, trad. du hollandais. 2 vol.
Lever (Ch.) : *Harry Lorrequer.* 2 vol.
— *L'Homme du jour.* 1 vol.
Ludwig (O.) : *Entre ciel et terre.* 1 vol.
Lutfullah : *Mémoires d'un gentilhomme mahométan.* 1 vol.
Marvel (I.) : *Le Rêve de la vie.* 1 vol.
Mathews : *Légendes indiennes.* 1 vol.
Mayne-Reid : *La Piste de guerre.* 1 vol.
— *La Quarteronne.* 1 vol.

Mugge (Th.) : *Afraja.* 1 vol.
Pouchkine : *La Fille du capitaine.* 1 vol.
Smith (J. F.) : *La Femme et son maître*, trad. de l'anglais. 3 vol.
— *L'Héritage* (Dick Tarleton). 2 vol.
Sollohoub (comte) : *Nouvelles choisies.* trad. du russe. 1 vol.
Stephens (miss A. S.) : *Opulence et Misère*, trad. de l'anglais. 1 vol.
Thackeray : *Œuvres*, trad. de l'anglais. 8 vol.
Henry Esmond. 1 vol.
Histoire de Pendennis. 3 vol.
La Foire aux vanités. 2 vol.
Le Livre des Snobs. 1 vol.
Mémoires de Barry Lyndon. 1 vol.
Tourguéneff : *Scènes de la vie russe*, trad. du russe. 2 vol.
— *Mémoires d'un seigneur russe.* 1 vol.
Trollope (Mrs) : *La Pupille.* 1 vol.
Wieland (C. M.) : *Obéron*, poëme historique, trad. de l'allemand. 1 vol.
Wilkie Collins : *Le Secret.* 1 vol.
Zschokke : *Addrich des Mousses.* 1 vol.
— *Le Château d'Aarau.* 1 vol.

IV. LITTÉRATURE POPULAIRE,

SPÉCIALEMENT DESTINÉE AUX OUVRIERS DES VILLES ET DES CAMPAGNES.

Cette collection comprendra environ deux cents volumes.

Le cartonnage en percaline gaufrée se paye 40 cent. en sus par volume.

Barrau (Th. H.) : *Conseils aux ouvriers sur les moyens d'améliorer leur condition.* 1 vol.
Calemard de la Fayette : *Petit-Pierre, ou le bon cultivateur.* 1 vol.
— *La Prime d'honneur.* 1 vol.
Carraud (Mme) : *La Petite-Jeanne ou le Devoir.* 1 vol.
— *Maurice ou le Travail.* 1 vol.
Charton (Éd.) : *Histoires de trois enfants pauvres*, racontées par euxmêmes et abrégées par É. Charton. 1 v.
Corneille (Pierre) : *Chefs-d'œuvre.* 1 v.

DelaPalme : *Le premier Livre du citoyen.* 1 vol.
Homère : *Les Beautés de l'Iliade et de l'Odyssée*, par Giguet. 1 vol.
Joinville (sire de) : *Histoire de saint Louis*, texte rapproché du français moderne, par Natalis de Wailly. 1 vol.
La Fontaine : *Choix de fables.* 1 vol.
Molière : *Chefs-d'œuvre.* 2 vol.
Racine (Jean) : *Chefs-d'œuvre.* 2 vol.
Shakspeare : *Chefs-d'œuvre.* 3 vol.
Véron (Eugène) : *Les Associations ouvrières en Allemagne, en Angleterre et en France.* 1 vol.

ATLAS UNIVERSEL
D'HISTOIRE ET DE GÉOGRAPHIE

CONTENANT

1° LA CHRONOLOGIE

Notions préliminaires : concordance des principales ères avec les années
avant et après Jésus-Christ ;
Table des archontes d'Athènes, des consuls de Rome ;
Catalogue des Saints, Calendriers, etc., etc.)
et tables chronologiques universelles contenant tous les faits de l'histoire universelle ;

2° LA GÉNÉALOGIE :

Tableaux généalogiques des dieux et de toutes les familles historiques
suivis d'un traité élémentaire de l'art héraldique,
avec : 1° neuf planches de blason coloriées ;
2° une planche coloriée des principaux ordres de chevalerie ou decorations ;
3° deux planches coloriées de pavillons des principales puissances ;

3° LA GÉOGRAPHIE :

88 cartes gravées et coloriées, faisant connaître la géographie ancienne et moderne
de tous les pays du monde.
Cette troisième partie comprend en outre des tables explicatives
indiquant les ressources commerciales et industrielles,
les divisions administratives et religieuses de chaque pays ;

PAR M.-N. BOUILLET,

Auteur du *Dictionnaire universel des Sciences, des Lettres et des Arts,*
et du *Dictionnaire universel d'Histoire et de Géographie.*

Un beau volume grand in-8, broché, 30 francs.

Le cartonnage en percaline gaufrée se paye en sus 2 fr. 75.
La demi-reliure en chagrin, tranches jaspées, 4 fr. 50.
La demi-reliure en chagrin, avec tranches et gardes peignes, 5 fr. 50.

LE MÊME OUVRAGE

SANS LES DOUZE PLANCHES DE L'ART HÉRALDIQUE

BROCHÉ, 21 FR.

Le cartonnage en percaline gaufrée se paye en sus 2 fr. 25 ;
La demi-reliure en chagrin, tranches jaspées, 4 fr. ;
La demi-reliure en chagrin, avec tranches et gardes peignes, 5 fr.

Imprimerie générale de Ch. Lahure, rue de Fleurus, 9, à Paris.

ÉDITIONS A 1 FRANC LE VOLUME

FORMAT IN-18 JÉSUS

LITTÉRATURE POPULAIRE

La collection comprendra environ 200 volumes.
Le cartonnage en percaline gaufrée se paye en sus 40 cent. par volume.

EN VENTE

Badin (Ad.) : *Duguay-Trouin.* 1 vol.

Barrau (Th. H.) : *Conseils aux ouvriers* sur les moyens d'améliorer leur condition. 1 vol.

Lonnechose (É. de) : *Bertrand du Guesclin, connétable de France et de Castille.* 1 vol.

Calemard de la Fayette : *La Prime d'honneur.* 1 vol.

Carraud (Mme Z.) : *Une Servante d'autrefois.* 1 vol.

Charton (Éd.) : *Histoires de trois enfants pauvres* racontées par eux-mêmes et abrégées par Éd. Charton. 2ᵉ édit. 1 vol.

Corneille (Pierre) : *Chefs-d'œuvre.* 1 vol.

DelaPalme : *Le Premier livre du citoyen.* 2ᵉ édit. 1 vol.

Guillemin (Am.) : *La Lune.* 1 vol. illustré de 2 grandes planches tirées hors texte et de 46 vignettes.

Homère : *Les Beautés de l'Iliade et de l'Odyssée,* traduct. de M. Giguet. 1 vol.

Joinville (sire de) : *Histoire de saint Louis,* texte rapproché du français moderne par Natalis de Wailly, de l'Institut. 2ᵉ édit. 1 vol.

Labouchère (Alfred) : *Oberkampf* (1738-1815). 1 vol.

La Fontaine : *Choix de fables.* 1 vol.

Molière : *Chefs-d'œuvre.* 2 vol.

Passy (Frédéric) : *Les Machines et leur influence sur le développement de l'humanité.* 1 vol.

Racine (Jean) : *Chefs-d'œuvre.* 2 vol.

Rendu (Victor) : *Principes d'agriculture.* 2ᵉ édit.
Culture du sol. 1 vol.
Culture des plantes. 1 vol.
Chaque volume se vend séparément.

Shakspeare : *Chefs-d'œuvre.* 3 vol.

Thévenin (Év.) : *Cours d'économie industrielle.*
1ʳᵉ série : *Qu'est-ce que l'économie industrielle?* par M. J. Garnier; — *Du Capital,* par M. Baudrillart; — *Des Machines,* par M. Horn. 1 vol.
2ᵉ série ; *Du Travail et du Salaire,* par M. Batbie ; — *Des Corporations et de la Liberté en France,* par M. Levasseur. 1 vol.
3ᵉ série : *De la Société coopérative,* par J. Duval ; — *De l'Échange et de la Monnaie,* par M. Wolowski. 1 vol.
4ᵉ série : *De l'Intérêt et de l'Usure,* par M. Courcelle-Seneuil ; — *Du Crédit,* par M. Coq ; — *De la Liberté commerciale*, par M. Fr. Passy. 1 vol.
Chaque volume se vend séparément.

Véron (Eugène) : *Les Associations ouvrières* en Allemagne, en Angleterre et en France. 1 vol.

EN PRÉPARATION

Calemard de la Fayette (Charles) : *L'Agriculture progressive.* 1 vol.

Duval (Jules) : *Notre Pays.* 1 vol.

Ernouf (Bᵒⁿ) : *Jacquart ; — Philippe de Girard.* 1 vol.

Ernouf (Bᵒⁿ): *Histoire de trois ouvriers français.* 1 vol.

Gœthe : *Chefs-d'œuvre.*

Guillemin (Am.) : *Le Soleil.* 1 vol.

Schiller : *Chefs-d'œuvre.*

Virgile : *Les Beautés de l'Énéide.* 1 vol.